"十二五"普通高等教育本科国家级规划教材

理论力学

第9版 II

○ 哈尔滨工业大学理论力学教研室 编

中国教育出版传媒集团

高等教育出版社·北京

内容简介

本书第1版至第8版受到广大教师和学生的欢迎。第9版仍保持前8版理论严谨、逻辑清晰、由浅入深、宜于教学的风格体系，对部分内容进行了修改和修正，适当增加了综合性例题，并删去了一定数量的习题。

本书第9版共分Ⅰ，Ⅱ两册。《理论力学》(Ⅰ)内容包括静力学(静力学公理和物体的受力分析、平面力系、空间力系、摩擦)，运动学(点的运动学、刚体的简单运动、点的合成运动、刚体的平面运动)，动力学(质点动力学的基本方程、动量定理、动量矩定理、动能定理、达朗贝尔原理、虚位移原理)。一般中等学时的专业只用第Ⅰ册即可。《理论力学》(Ⅱ)为专题部分，内容包括分析力学基础、非惯性参考系中的质点动力学、碰撞、机械振动基础、刚体定点运动、自由刚体运动、刚体运动的合成·陀螺仪近似理论、变质量动力学，各专业可根据需要来选取。

本书可作为高等学校工科机械、土木、水利、航空航天等专业理论力学课程的教材，也可作为高职高专、成人高校相应专业的自学和函授教材，亦可供有关工程技术人员参考。

本书配有丰富的数字化资源，同时配有《理论力学习题全解》《理论力学解题指导及习题集》等供读者选用。

本书配套出版了系列数字化产品：

(1)《理论力学在线试题库及组卷系统》

由哈尔滨工业大学牵头，多所高校数十位教师参与共同研制而成。题库总题量6000余题，试题内容涵盖理论力学课程全部知识点，包括静力学、运动学、动力学及专题四部分，题型有判断题、单项选择题、多项选择题、不定项选择题、填空题、简答题、计算题，难易系数设计为容易、较易、一般、较难、难五档，可手工策略组卷或自动策略组卷。该题库可供工科高校理论力学课程自测、作业和考试使用。任课教师可扫描下方二维码申请试用。

(2)《理论力学数字课程》《理论力学(动力学专题)数字课程》

与本书Ⅰ、Ⅱ两册的教学内容同步设计，紧密配合，内容包括教学视频、教学课件、电子教案、在线作业等，并提供公告、答疑、讨论、成绩评定和教学档案管理等功能，可供高校开展混合式教学、线上教学定制应用。任课教师可扫描下方二维码浏览课程主页。

(3)《理论力学》数字教材

立足本书第Ⅰ册，整合国家级一流本科课程哈尔滨工业大学"理论力学"MOOC课程资源，集传统教材、在线课程、重难点讲析、解题技巧讲解、在线自检自测于一体，适合于不同专业背景和层次的理论力学学习者和教学者。初学者能够快速地实现对知识点的理解和应用；深度学习者能够对课程有更高阶的理解和对解题方法有更深层次的掌握；教学者能够从中总结规律，开阔教学思路。师生可扫描下方二维码购买阅读。

以上平台相互兼容，数字教材亦可一键导入到数字课程进行定制应用。同时，面向本书用户，作为增值服务开放了"电子作业本"，详见本书"电子作业本增值服务使用说明"。

《理论力学在线试题库及组卷系统》

《理论力学数字课程》

《理论力学(动力学专题)数字课程》

《理论力学》数字教材

《理论力学习题全解》

《理论力学解题指导及习题集》

理论力学
第9版 II

1 计算机访问 https://abooks.hep.com.cn/59854, 或手机扫描二维码, 访问新形态教材网小程序。

2 注册并登录, 进入"个人中心", 点击"绑定防伪码"。

3 输入教材封底的防伪码 (20位密码, 刮开涂层可见), 或通过新形态教材网小程序扫描封底防伪码, 完成课程绑定。

4 点击"我的学习"找到相应课程即可"开始学习"。

理论力学 第9版 II

作者 哈尔滨工业大学理论力学教研室 编

出版单位 高等教育出版社

ISBN 978-7-04-059854-4

开始学习　收藏

本课程与纸质教材一体化设计, 紧密配合, 内容包括在线习题、动画视频、电子教案等, 充分运用多种形式媒体资源, 极大丰富了知识的呈现形式, 拓展了教材内容。

绑定成功后, 课程使用有效期为一年。受硬件限制, 部分内容无法在手机端显示, 请按提示通过计算机访问学习。

如有使用问题, 请发邮件至 abook@hep.com.cn。

扫描二维码
访问新形态教材网小程序

　本书每一章后的习题同时以在线作业的形式给出，所有教材用户均可扫描习题二维码查看全部在线试题，提交后即可查看参考答案及部分重点、难点和典型习题的解答提示。详细的解答过程，可进一步参看与本书配套的《理论力学习题全解》。

　如需使用电子作业本功能，教师可通过扫描习题二维码进行实名教师认证后进入"爱习题测评系统"，该系统支持班级管理、作业发布等教学活动；学生通过扫描教师发布的班级二维码可加入班级并完成教师布置的在线作业。教师和学生均可查询答题记录。具体操作步骤可扫描下方的二维码观看。

　该增值服务免费提供给教材用户使用。绑定书后防伪码成功后，该增值服务有效期为一年。

学生如何使用
电子作业本

新形态教材网
电子作业本使用指南

第9版序

本书初版于 1961 年,先后再版 8 次,曾获得首届国家优秀教材奖和国家级教学成果奖。本书第 8 版为"十二五"普通高等教育本科国家级规划教材,并于 2021 年被国家教材委员会评为首届全国教材建设奖全国优秀教材一等奖。

本书第 9 版的修订工作遵循继承传统、突出特色、精益求精、不断完善的指导思想,在内容上作了如下修改。

1. 对运动学中点的合成运动一章作了进一步的修订,丰富和完善了基于牵连点运动的点的合成运动分析方法,并结合典型案例给出了几何直观的证明方法。

2. 对虚位移原理和分析力学部分的内容进行了修订:进一步修正了虚位移的定义,使其更便于初学者理解;引入了含有乘子的拉格朗日方程,并用于具有复杂约束方程的系统动力学分析,同时引入了线性非完整约束系统的概念与基本方程。

3. 对"两体问题""潮汐问题"部分内容进行了修正。

4. 各章适当增加了综合性例题,并增删了一定数量的习题。

此外,高等教育出版社配套出版了《理论力学数字课程》《理论力学数字教材》(学习指导书)和《理论力学习题全解》,同时修订了《理论力学在线试题库与组卷系统》,进一步完善了理论力学全过程课程教学资源与服务解决方案。

本书分为两册,第 Ⅰ 册为基础部分,内容包括静力学(含静力学公理和物体的受力分析、平面力系、空间力系、摩擦),运动学(含点的运动学、刚体的简单运动、点的合成运动、刚体的平面运动),动力学(含质点动力学的基本方程、动量定理、动量矩定理、动能定理、达朗贝尔原理、虚位移原理)。一般中等学时的专业只用第 Ⅰ 册即可。第 Ⅱ 册为专题部分,内容包括分析力学基础、非惯性参考系中的质点动力学、碰撞、机械振动基础、刚体定点运动、自由刚体运动、刚体运动的合成·陀螺仪近似理论、变质量动力学,各专业可根据需要来选取。全书配有思考题、自测题和习题。

本书可作为高等学校工科各专业的理论力学课程教材。

本书第 9 版由 王铎 先生任名誉主编,并由孙毅教授主持编写与修订工作。第 Ⅰ 册由曾凡林教授(第一、二、三、四章)、孙毅教授(第五、六、七、八、十四章)、张莉教授(第九、十、十一、十二、十三章)执笔。第 Ⅱ 册由孙毅教授(第一、三、四章)、张莉教授(第二、五章)、刘伟教授(第六章)、赵婕教授(第一章部分内容)执笔,全书由孙毅教授统稿。

本书第 9 版由北京航空航天大学王琪教授、上海大学陈立群教授和西北工业大学支希哲教授审阅，特此致谢。

本书虽经多次修订，但限于我们的水平和条件，缺点和错误在所难免，请大家多提宝贵意见，使本书不断提高和完善。

哈尔滨工业大学理论力学教研室

2022 年 11 月

第 8 版序

本书自 1961 年出版以来,先后再版 7 次,曾获首届国家优秀教材奖和国家级教学成果奖。第 7 版被评为"十二五"普通高等教育本科国家级规划教材、2011 年度普通高等教育精品教材。

本书第 8 版的修订工作遵循继承传统、突出特色、完善内容、精益求精的指导思想,在内容上作了如下修改:

1. 对虚位移原理和分析力学部分的内容进行了一定的修改。修正了虚位移的定义,使其适用于非定常约束的情况;以势能变分为例,从数学上阐述了变分的概念与计算公式,并将虚位移与质点系位形的变分联系起来,加深学生对虚位移概念的理解与掌握;修改了第二类拉格朗日方程内容中个别定理的推导并增加了部分拓展应用例题。

2. 增加了"两体问题"和"潮汐现象"的分析,在"碰撞"内容中增加了用于碰撞过程的拉格朗日方程,在"变质量动力学"内容中引入了近程火箭的外弹道微分方程式。

3. 对全书其他部分内容进行了个别修正,适当增加了综合性例题,并增删了一定数量的习题。

4. 增加了数字资源的二维码链接,读者通过扫描书上的二维码即可链接相关数字资源。

全书分为两册,第 I 册为基础部分,内容包括静力学(含静力学公理和物体的受力分析、平面力系、空间力系、摩擦),运动学(含点的运动学、刚体的简单运动、点的合成运动、刚体的平面运动),动力学(含质点动力学的基本方程、动量定理、动量矩定理、动能定理、达朗贝尔原理、虚位移原理)。一般中等学时的专业只用第 I 册即可。第 II 册为专题部分,内容包括分析力学基础、非惯性系中的质点动力学、碰撞、机械振动基础、刚体定点运动、自由刚体运动、刚体运动的合成·陀螺仪近似理论、变质量动力学,各专业可根据需要来选取。全书配有思考题和习题。

本书是与爱课程网上理论力学资源共享课配套的教材。

本书可作为高等学校工科机械、土建、水利、航空、航天等专业理论力学课程的教材,也可作为高职高专、成人高校相应专业的自学和函授教材,亦可供有关工程技术人员参考。

本书第 8 版由王铎教授主编,并由孙毅教授和程靳教授具体主持编写与修订工作。第Ⅰ册由程燕平教授(第一、二、三、四章),孙毅教授(第五、六、七、八、十四章),程靳教授和张莉教授(第九、十、十一、十二、十三章)执笔。第Ⅱ册由孙毅教授(第一、三、四章),程靳教授和张莉教授(第二、五、六章)执笔,全书由孙毅教授统稿。

本书第8版由北京理工大学梅凤翔教授、北京航空航天大学谢传锋教授和浙江大学庄表中教授审阅,特此致谢。

本书第8版的修订过程中,先后得到梅凤翔、庄表中、王琪、支希哲等各位教授的支持并提出宝贵意见,在此表示衷心的感谢。

本书虽经多次修订,但限于我们的水平和条件,缺点和错误在所难免,请大家多提宝贵意见,使本书不断提高和完善。

哈尔滨工业大学理论力学教研室

2016 年 6 月

第7版序

本书初版于 1961 年出版。通过 40 余年的不断修改、完善,逐步形成了具有自己风格和特点的教学体系,先后再版 6 次,曾获得首届国家优秀教材奖和国家级教学成果奖。

第 7 版保持和发扬了前 6 版的体系和风格,坚持理论严谨、逻辑清晰、由浅入深、易教易学的原则,并根据教育部力学基础课程教学指导分委员会最新制订的"理论力学课程教学基本要求(A 类)",在内容上作了如下修改:

1. 在静力学部分适当深化了力学建模的基本概念与解题方法,在运动学部分对一些公式的推导进行了修改,以便于学生掌握相关公式和物理概念。

2. 对习题部分作了较大的改动,使习题量更充足、题型更丰富,以便于教学使用。

全书仍分为两册,第 I 册为基础部分,内容包括静力学(含静力学公理、物体的受力分析、平面力系、空间力系、摩擦等)、运动学(含点的运动学、刚体的简单运动、点的合成运动、刚体的平面运动等)、动力学(含质点动力学的基本方程、动量定理、动量矩定理、动能定理、达朗贝尔原理、虚位移原理等),一般中等学时的专业只用第 I 册即可;第 II 册为专题部分,内容包括分析力学基础、非惯性系中的质点动力学、碰撞、机械振动、刚体定点运动、自由刚体运动、刚体运动的合成·陀螺仪近似理论、变质量动力学等。各专业可根据需要来选取。全书配有思考题和习题。

本书运用多种媒体形式进行一体化设计,在易课程网上为本教材建立了专门的网页,既有供教师使用的教学资源,也有供学生使用的资源。资源类型包括电子教案、动画、视频、典型例题、习题详解等,极大丰富了内容的呈现形式,拓展了教材内容。

本版由王铎教授主编,并由孙毅教授和程靳教授具体主持编写与修订工作。第 I 册由程靳教授(第一、二、三、十、十一、十二章),孙毅教授(第五、六、七、八章),程燕平教授(第十三、十四章),张莉教授(第四、九章)执笔;第 II 册由孙毅教授(第一、四章),程靳教授(第二、五、六章),程燕平教授(第三章),刘墩教授(航天器轨道动力学基础)执笔。全书由孙毅教授和程靳教授统稿。

本版由清华大学贾书惠教授审阅,特此致谢。

在本书第 7 版的修订过程中,先后得到贾书惠、谢传锋、景荣春、董正筑、王琪、武清玺、支希哲、李晓阳、刘又文、屈本宁等各位教授的支持及其提出的宝贵意见,在此表示衷心的感谢。

　　本书虽经多次修订，但限于我们的水平和条件，缺点和错误在所难免，请大家多提宝贵意见，使本书不断提高和完善。

哈尔滨工业大学理论力学教研室

2009 年 3 月

第六版序

本书从 1961 年出版以来,已经修订多次,这次是第六版。前五版受到了广大教师和学生的欢迎,曾获国家优秀教材奖。

为适应 21 世纪的需要,本书对第五版进行了修订。通过多年的教学实践,本书的体系和风格已经比较成熟,大多数使用者希望保留和发扬这一风格。本版仍保留前五版的风格,坚持理论严谨、逻辑清晰、由浅入深的原则,适当提高起点,增加部分新内容。本版分为两册。第 I 册为基础部分,包含了理论力学的基本内容,包括:静力学、运动学、动力学三大基本定理、达朗贝尔原理、虚位移原理等,一般中等学时的专业只用第 I 册即可。第 II 册为专题部分,内容包括:非惯性系动力学、碰撞、分析力学基础(含第一类拉格朗日方程)、机械振动基础、定点运动及变质量动力学。不同专业可选用不同的专题。

本书适用于高等工科院校四年制机械、土建、交通、水利、动力、航空航天等专业,也可供其他专业选用,或作为自学、函授教材。

本版由王铎教授和程靳教授主编,经教材审定小组讨论,第 I 册由王宏钰教授(第一,二,三,四,五章)、程靳教授(第六,七,八,九章)、赵经文教授(第十,十一,十二,十三章)、程燕平副教授(第十四,十五章)执笔;第 II 册由程靳教授(第一,五,六章)、程燕平副教授(第二章)、孙毅教授(第三章)执笔,第四章由程靳教授与程燕平副教授共同执笔;全书由程靳教授和程燕平副教授统稿。

本版由清华大学贾书惠教授审阅,并提出了很多宝贵意见,特此致谢。

本书虽经多次修订,但限于我们的水平和条件,缺点和错误仍在所难免,衷心希望大家提出批评和指正,使本书不断提高和完善。

哈尔滨工业大学理论力学教研室
2002 年 5 月

第五版序

本书为第五版。初版于 1961 年出版，1962 年和 1965 年经过修订，出版了第二版上、下册和第三版上册，第三版下册因故未能正式出版。1981 年出版的第四版上、下册对以前的版本作了较大的调整，在各章末增加了小结、思考题和习题，更有利于教师的讲授，也便于学生自学。本书第四版在国内得到了广泛的选用，荣获国家优秀教材奖。本书第四版出版十余年来，也收到了很多教师和读者的宝贵意见和建议，对此我们深表感谢。

为适应我国科学技术和生产建设的发展，适应学生水平的普遍提高，我们根据近年来的教学实践和兄弟院校的意见，对本书第四版作了适当的修订。修订后的第五版符合国家教委新颁布的"高等学校工科本科理论力学课程教学基本要求"，适用于四年制机械、土建、水利、航空和动力等专业，可供企业管理、化工、电器等其他专业选用，亦可作为自学和函授教材。

本版保持了第四版的体系和风格，继承了前一版便于教师讲授和学生自学的优点，在下列几方面作了一些修改：减少了与数学、物理等课程简单重复的内容；删去了图解静力学一章；减少了几何法求解问题的篇幅，适当加强了便于计算机应用的解析方法和综合分析问题的训练；合并了部分章节，精炼了文字叙述；减少了部分简单习题，扩展了习题的类型，适当增加了综合练习题；附录中给出了几个有关静力学内容的微机计算程序。

本版采用了 GB 3100~3102—93《量和单位》中规定的有关通用符号。

本修订版由王铎教授和赵经文教授任主编，经教材修订小组讨论，由王宏钰教授（静力学）、程靳教授（运动学）、赵经文教授（动力学）和陈明副教授、程燕平副教授（习题）等执笔，并由赵经文教授统稿，最后由王铎教授定稿完成。

本版由清华大学贾书惠教授和华东船舶工业学院董雷强副教授审阅，他们对本书提出了很多宝贵意见，特此致谢。

本书虽经多次修订，但由于水平和条件所限，还会有不少缺点和错误，诚恳欢迎读者批评指正。衷心希望大家对本书提出修改意见和建议，使之能不断地提高和改进。

哈尔滨工业大学理论力学教研室

1996 年 10 月

第四版序

本书初版于 1961 年出版。1962 年和 1965 年经过修订,出版了第二版上、下册和第三版上册,第三版下册因故未能正式出版。

为了适应社会主义现代化建设的需要,我们根据多年来的教学实践并按照高等学校工科力学教材编审委员会理论力学编审小组 1980 年审订的高等工业学校《理论力学教学大纲》(草案)(四年制机械、土建、水利、航空等类专业试用)的要求,对本书在前三版的基础上进行了修订,作为第四版出版。本版对以前各版的章节作了适当的调整,对各章的内容、例题作了增删和修订;为便于自学,在各章末增加了小结、思考题和习题,并在书末附有习题答案。

本版采用国际单位制。

本版基本内容课内为 120 学时。附有"*"号的章节,不是 120 学时内的基本内容,可根据专业需要选取。绪论的内容不必在第一次课上全部讲授,例如关于理论力学的研究方法可在课程结束时加以总结。

本版的修订由王铎同志主编,修订方案经过教材修订小组讨论,由王宏钰(第一章至第八章)、洪敏谦(绪论和第九章至第二十章)、邹经湘(第二十一章至第二十四章)、杨英烈(静力学习题)、于永德(运动学和动力学习题)同志执笔,并由洪敏谦同志统稿,最后由王铎同志校阅。

本版上册插图部分底图由冯年寿同志重新绘制。

本版由北京航空学院黄克累和张大源同志审阅,并提出了很好的意见,特此致谢。

本书虽经多次修订,但限于我们的水平,还会有不少缺点和错误,衷心希望读者批评指正。

哈尔滨工业大学理论力学教研室

1981 年 6 月

第三版序

为了适应当前教学改革的形势,我们对本书第二版作了较全面的修订。在修订中,注意了贯彻"理论联系实际"的方针和"少而精"的原则。

修订时,注意了工科院校的特点,删去了不适合一般专业需要的部分,精简了次要内容,合并了一些章节;在内容叙述和定理推证方面力求物理概念清晰;各章问题尽量从工程实际引出,并增加了联系实际的例子。

本修订版在修订前,经过教研室全体同志讨论,然后分工执笔修改,最后由王铎同志统一校订。本版全部插图都系重新绘制。

本修订版由北京航空学院黄克累同志审阅,并提出了很多宝贵的意见。

由于我们对教学改革精神领会不够,并受政治和业务水平所限,错误和缺点在所难免,衷心地希望大家批评指正。

哈尔滨工业大学理论力学教研室
1965 年 8 月

第二版序

本书的第一版出版后,我们听取了兄弟院校教师和读者的意见,对它进行了修改。

在本版中,我们对全书的内容和文句作了必要的增删和修改,也订正了第一版中的印刷错误。

本版的修改工作是由洪敏谦同志执笔和完成的。修改的内容曾由教研室部分教师参加讨论。改写的章节中的第二十章§7和第二十九章§10分别由陈长庚和谈开孚同志执笔。最后,由王铎同志对全书进行了校阅。

为了提高出版质量,本版中的部分附图是由屠良尧等同志重新绘制的。

本书虽经修改,但由于水平所限,缺点和错误仍在所难免,衷心地希望大家提出批评和指正。

哈尔滨工业大学理论力学教研室

1962 年 3 月

第一版序

本书是根据 1959 年我教研室所编理论力学讲义经过局部修改而出版的。几年来,特别是在贯彻党的教育方针以后,在党的领导下,学习先进经验,并结合我们的教学实践,总结了点滴体会,先后编写了一些讲义,供校内同学参考。由于讲义本来只反映本校的局部情况,加以出版时间仓促,没有来得及根据兄弟院校的教学经验多加修改。

本书的篇幅只大体适合于机械、动力、电机、土建等类各专业理论力学课程的要求。对变质量力学、物体在中心力场中的运动、回转仪理论和振动理论等专题只作了简略的叙述。因此有必要结合学校和专业的特点,增删部分内容,指定相应的参考资料。

总之,本书无论在体系、篇幅、内容、教学方法等各个方面都不够成熟,必须随着教育改革的不断深入发展,吸取兄弟教研室的宝贵经验,大力加以修改,热烈地希望兄弟院校的教师和同学提出批评指正。

本书是在党的直接领导和关怀下,由教研室同志集体编写的,参加的主要成员有童秉纲、钟宏九、黄文虎、谈开孚、叶谋仁等。

最后,衷心地感谢兄弟院校的理论力学教研室,他们为了促使本书提高质量,早日出版,对本书提出了许多宝贵的修改意见,主动地为本书提供了他们所编讲义的个别章节及例题,并承清华大学理论力学教研组有关同志对全书进行了校阅和订正。

哈尔滨工业大学理论力学教研室
1961 年 4 月于哈尔滨

主要符号表

$\boldsymbol{a}$	加速度	L	拉格朗日函数
$\boldsymbol{a}_n$	法向加速度	$\boldsymbol{L}_O$	刚体对点 O 的动量矩
$\boldsymbol{a}_t$	切向加速度	$\boldsymbol{L}_C$	刚体对质心的动量矩
$\boldsymbol{a}_a$	绝对加速度	m	质量
$\boldsymbol{a}_r$	相对加速度	M_z	对 z 轴的矩
$\boldsymbol{a}_e$	牵连加速度	$\boldsymbol{M}$	力偶矩、主矩
$\boldsymbol{a}_C$	科氏加速度	$\boldsymbol{M}_O(\boldsymbol{F})$	力 $\boldsymbol{F}$ 对点 O 的矩
A	面积、自由振动振幅	$\boldsymbol{M}_I$	惯性力的主矩
e	恢复因数	n	质点数目
f	动摩擦因数	O	参考坐标系的原点
f_s	静摩擦因数	$\boldsymbol{p}$	动量
$\boldsymbol{F}$	力	P	重量、功率
$\boldsymbol{F}'_R$	主矢	q	载荷集度、广义坐标
$\boldsymbol{F}_s$	静摩擦力	Q	广义力
$\boldsymbol{F}_N$	法向约束力	r	半径、矢径的模
$\boldsymbol{F}_{Ie}$	牵连惯性力	$\boldsymbol{r}$	矢径
$\boldsymbol{F}_{IC}$	科氏惯性力	$\boldsymbol{r}_O$	点 O 的矢径
$\boldsymbol{F}_I$	惯性力	$\boldsymbol{r}_C$	质心的矢径
$\boldsymbol{g}$	重力加速度	R	半径
h	高度	s	弧坐标、频率比
$\boldsymbol{i}$	x 轴的基矢量	t	时间
$\boldsymbol{I}$	冲量	T	动能
$\boldsymbol{j}$	y 轴的基矢量	$\boldsymbol{v}$	速度
J_z	刚体对 z 轴的转动惯量	$\boldsymbol{v}_a$	绝对速度
J_{xy}	刚体对 x、y 轴的惯性积	$\boldsymbol{v}_r$	相对速度
J_C	刚体对质心的转动惯量	$\boldsymbol{v}_e$	牵连速度
k	弹簧刚度系数	$\boldsymbol{v}_C$	质心速度
$\boldsymbol{k}$	z 轴的基矢量	V	势能、体积
l	长度	W	功

x、y、z	直角坐标	ρ	密度、曲率半径
α	角加速度	φ	角度坐标
β	角度坐标	φ_f	摩擦角
δ	滚动摩擦系数、阻尼系数	ψ	角度坐标
δ	变分符号	ω_0	固有角频率
ζ	阻尼比	ω	角速度
η	减缩因数	ω_a	绝对角速度
λ	本征值	ω_r	相对角速度
Λ	对数减缩	ω_e	牵连角速度

目　录

第一章
分析力学基础

物体运动与相互作用之间的关系是牛顿力学研究的主要内容。在本书的基本内容部分中,我们通过牛顿第二定律把这种关系用矢量的形式表示出来,并在此基础上建立了质点系动力学的普遍定理(动量定理、动量矩定理和动能定理),这种处理动力学问题的方法和体系称为"矢量力学"。矢量力学方法具有数学形式简单和物理概念清晰等特点,在研究质点和简单刚体系统动力学问题方面取得了辉煌的成就,但在求解具有复杂约束系统和变形体的动力学问题方面则遇到了很大困难。这是因为在矢量力学方法中需要事先对系统中各质点的受力情况进行分析,而对于复杂约束系统,由于约束力的性质和分布在求解前是未知的,使得求解过程变得极为复杂,也无法建立一般力学系统的动力学方程。

针对矢量力学所遇到的困难,采用数学分析的方法来求解力学问题的理论在18世纪得到了迅速发展,形成了"分析力学"的理论体系。分析力学采用能量与功来描述物体运动与相互作用之间的关系,通过达朗贝尔原理和虚位移原理建立了普遍形式下的动力学方程,为现代动力学理论的发展奠定了基础,也对近代数学和物理学的发展起了巨大的推动作用。

§1–1　自由度和广义坐标

确定一个自由质点在空间中的位置需要 3 个独立参数,我们说自由质点在空间中有 3 个自由度,当质点的运动受到约束限制时,自由度的数目还要减少。工程中的约束多数是完整约束。在完整约束的条件下,确定质点系位置的独立参数的数目等于系统的自由度数。例如,质点 M 被限定只能在曲面

$$f(x,y,z)=0 \qquad (1-1)$$

上运动(图 1–1),由此解出

$$z=z(x,y) \qquad (1-2)$$

这样该质点在空间中的位置就由 x、y 这两个独立参数所确定,它的自由度数为 2。一般来讲,一个由 n 个质点组成的质点系,若受到 s 个完整约束作用,则其在

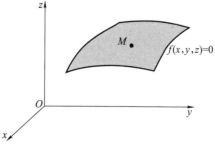

图 1–1

空间中的 $3n$ 个坐标不是彼此独立的。由这些约束方程可以将其中的 s 个坐标表示成其余 $3n-s$ 个坐标的函数，这样该质点系在空间中的位置就可以用 $N=3n-s$ 个独立参数完全确定下来。描述质点系在空间中位置的独立参数，称为**广义坐标**。对于完整系统，广义坐标的数目等于系统的自由度数。例如，质点 M 被限定只能在式(1-1)所确定的曲面上运动，则由式(1-2)，它在空间中的位置可由 x、y 这两个独立参数来确定，x、y 就是质点 M 的一组广义坐标。此外，广义坐标的选择并不是唯一的，我们也可以选用其他一组独立参数，如 $\xi=x+y$，$\eta=x-y$ 来描述质点 M 在空间中的位置，此时有

$$x=\frac{\xi+\eta}{2}, \qquad y=\frac{\xi-\eta}{2}, \qquad z=z\left(\frac{\xi+\eta}{2}, \frac{\xi-\eta}{2}\right)$$

考虑由 n 个质点组成的系统受 s 个完整双侧约束作用，即

$$f_k(\boldsymbol{r}_1,\boldsymbol{r}_2,\cdots,\boldsymbol{r}_n,t)=0 \qquad (k=1,2,\cdots,s) \tag{1-3}$$

设 $q_1,q_2,\cdots,q_N(N=3n-s)$ 为系统的一组广义坐标，我们可以将各质点的坐标表示为

$$\boldsymbol{r}_i=\boldsymbol{r}_i(q_1,q_2,\cdots,q_N,t) \qquad (i=1,2,\cdots,n) \tag{1-4}$$

由虚位移的定义，可以通过对式(1-4)进行等时变分运算来确定第 i 个质点的虚位移 $\delta\boldsymbol{r}_i$。采用类似于多元函数求微分的方法，可以得到

$$\delta\boldsymbol{r}_i=\sum_{k=1}^{N}\frac{\partial\boldsymbol{r}_i}{\partial q_k}\delta q_k \qquad (i=1,2,\cdots,n) \tag{1-5}$$

其中，$\delta q_k(k=1,2,\cdots,N)$ 为广义坐标 q_k 的变分，称为**广义虚位移**。

§1-2 以广义坐标表示的质点系平衡条件

设作用在第 i 个质点上的主动力的合力 $\boldsymbol{F}_i$ 在 3 个坐标轴上的投影分别为 F_{ix}、F_{iy}、F_{iz}，将式(1-5)代入虚功方程，得到

$$\delta W_F=\sum_{i=1}^{n}\delta W_{Fi}=\sum_{i=1}^{n}\left(F_{ix}\sum_{k=1}^{N}\frac{\partial x_i}{\partial q_k}\delta q_k+F_{iy}\sum_{k=1}^{N}\frac{\partial y_i}{\partial q_k}\delta q_k+F_{iz}\sum_{k=1}^{N}\frac{\partial z_i}{\partial q_k}\delta q_k\right)$$

$$=\sum_{k=1}^{N}\left[\sum_{i=1}^{n}\left(F_{ix}\frac{\partial x_i}{\partial q_k}+F_{iy}\frac{\partial y_i}{\partial q_k}+F_{iz}'\frac{\partial z_i}{\partial q_k}\right)\right]\delta q_k=0 \tag{1-6}$$

如令

$$Q_k=\sum_{i=1}^{n}\left(F_{ix}\frac{\partial x_i}{\partial q_k}+F_{iy}\frac{\partial y_i}{\partial q_k}+F_{iz}\frac{\partial z_i}{\partial q_k}\right) \qquad (k=1,2,\cdots,N) \tag{1-7}$$

则式(1-6)可以写成

$$\delta W_F = \sum_{k=1}^{N} Q_k \delta q_k = 0 \qquad (1-8)$$

上式中 $Q_k \delta q_k$ 具有功的量纲,所以称 Q_k 为与广义坐标 q_k 相对应的**广义力**。广义力的量纲由它所对应的广义坐标而定。当 q_k 是线位移时,Q_k 的量纲是力的量纲;当 q_k 是角位移时,Q_k 的量纲是力矩的量纲。

由于广义坐标的独立性,δq_k 可以任意取值,因此,若式(1-8)成立,必须有

$$Q_1 = Q_2 = \cdots = Q_N = 0 \qquad (1-9)$$

上式说明,质点系的平衡条件是系统所有的广义力都等于零。这就是用广义坐标表示的质点系的平衡条件。

求广义力的方法有两种:一种方法是直接从定义式(1-7)出发进行计算;另一种是利用广义虚位移的任意性,令某一个 δq_k 不等于零,而其他 $N-1$ 个广义虚位移都等于零,代入

$$\delta W_F = Q_k \delta q_k$$

从而

$$Q_k = \frac{\delta W_F}{\delta q_k} \qquad (1-10)$$

在解决实际问题时,往往采用第二种方法比较方便。

例 1-1   杆 OA 和杆 AB 以铰链相连,O 端悬挂于圆柱形铰链上,如图 1-2 所示。杆长 $OA = a$,$AB = b$,杆重和铰链的摩擦都忽略不计。今在点 A 和点 B 处分别作用向下的铅垂力 F_A 和 F_B,又在点 B 处作用一水平力 F。试求平衡时 φ_1、φ_2 与 F_A、F_B、F 之间的关系。

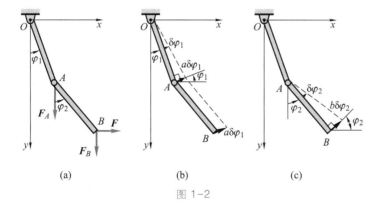

图 1-2

解:杆 OA 和杆 AB 的位置可由点 A 和点 B 的 4 个坐标 x_A、y_A 和 x_B、y_B 完全确定,由于杆 OA 和杆 AB 的长度一定,可列出两个约束方程:

$$x_A^2 + y_A^2 = a^2, \quad (x_B - x_A)^2 + (y_B - y_A)^2 = b^2$$

因此,系统有两个自由度。现选择 φ_1 和 φ_2 为系统的两个广义坐标,计算其对应的广义力 Q_1 和 Q_2。

用第一种方法计算。

$$
\left.\begin{aligned}
Q_1 &= F_A\frac{\partial y_A}{\partial\varphi_1}+F_B\frac{\partial y_B}{\partial\varphi_1}+F\frac{\partial x_B}{\partial\varphi_1}\\[2mm]
Q_2 &= F_A\frac{\partial y_A}{\partial\varphi_2}+F_B\frac{\partial y_B}{\partial\varphi_2}+F\frac{\partial x_B}{\partial\varphi_2}
\end{aligned}\right\}
\tag{a}
$$

由于

$$
y_A = a\cos\varphi_1,\quad y_B = a\cos\varphi_1+b\cos\varphi_2,\quad x_B = a\sin\varphi_1+b\sin\varphi_2
\tag{b}
$$

故

$$
\frac{\partial y_A}{\partial\varphi_1}=-a\sin\varphi_1,\quad \frac{\partial y_B}{\partial\varphi_1}=-a\sin\varphi_1,\quad \frac{\partial x_B}{\partial\varphi_1}=a\cos\varphi_1
$$

$$
\frac{\partial y_A}{\partial\varphi_2}=0,\quad \frac{\partial y_B}{\partial\varphi_2}=-b\sin\varphi_2,\quad \frac{\partial x_B}{\partial\varphi_2}=b\cos\varphi_2
$$

代入式(a),系统平衡时应有

$$
\left.\begin{aligned}
Q_1 &= -(F_A+F_B)a\sin\varphi_1+Fa\cos\varphi_1=0\\
Q_2 &= -F_B b\sin\varphi_2+Fb\cos\varphi_2=0
\end{aligned}\right\}
\tag{c}
$$

解出

$$
\tan\varphi_1=\frac{F}{F_A+F_B},\quad \tan\varphi_2=\frac{F}{F_B}
\tag{d}
$$

用第二种方法计算。

保持 φ_2 不变,只有 $\delta\varphi_1$ 时,如图 1-2b 所示。由式(b)的变分可得一组虚位移:

$$
\delta y_A=\delta y_B=-a\sin\varphi_1\delta\varphi_1,\quad \delta x_B=a\cos\varphi_1\delta\varphi_1
\tag{e}
$$

则对应于 φ_1 的广义力为

$$
Q_1=\frac{\sum\delta W_1}{\delta\varphi_1}=\frac{F_A\delta y_A+F_B\delta y_B+F\delta x_B}{\delta\varphi_1}
$$

将式(e)代入上式,得

$$
Q_1=-(F_A+F_B)a\sin\varphi_1+Fa\cos\varphi_1
$$

保持 φ_1 不变,只有 $\delta\varphi_2$ 时,如图 1-2c 所示。由式(b)的变分可得另一组虚位移:

$$
\delta y_A=0,\quad \delta y_B=-b\sin\varphi_2\delta\varphi_2,\quad \delta x_B=b\cos\varphi_2\delta\varphi_2
$$

代入对应于 φ_2 的广义力表达式,得

$$
Q_2=\frac{\sum\delta W_2}{\delta\varphi_2}=\frac{F_A\delta y_A+F_B\delta y_B+F\delta x_B}{\delta\varphi_2}
$$

$$
=-F_B b\sin\varphi_2+Fb\cos\varphi_2
$$

两种方法所得的广义力相同。在用第二种方法给出虚位移时,也可以直接由几何关系计算。如保持 φ_2 不变,只有 $\delta\varphi_1$ 时,杆 AB 为平移,A、B 两点的虚位移相等。点 A 的虚位移大小为 $a\delta\varphi_1$,方向与 OA 垂直(图 1-2b),沿 x、y 轴的投影为

$$
\delta x_A=\delta x_B=a\delta\varphi_1\cos\varphi_1,\quad \delta y_A=\delta y_B=-a\delta\varphi_1\sin\varphi_1
$$

又当 φ_1 不变,只有 $\delta\varphi_2$ 时,点 A 不动,杆 AB 绕点 A 转动 $\delta\varphi_2$,点 B 的虚位移大小为 $b\delta\varphi_2$,方向与

杆 AB 垂直(图 1-2c),沿 x、y 轴的投影为

$$\delta x_B = b\delta\varphi_2\cos\varphi_2, \quad \delta y_B = -b\delta\varphi_2\sin\varphi_2$$

与变分计算结果相同。

例 1-2 如图 1-3 所示,重物 A 和 B 分别连接在细绳两端,重物 A 放置在粗糙的水平面上,重物 B 绕过定滑轮 E 铅垂悬挂。在动滑轮 H 的轴心上挂一重物 C,设重物 A 的重量为 $2P$,重物 B 的重量为 P,不计动滑轮 H 的重量。试求平衡时重物 C 的重量 P_C 及重物 A 与水平面间的静摩擦因数。

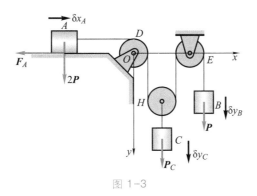

图 1-3

解:先分析此系统的自由度数,因为 A、B、C 三个重物中,必须给定两个重物的位置,其另一个位置才能确定,所以系统具有两个自由度。

选取重物 A 向右的水平坐标 x_A 和重物 B 向下的铅垂坐标 y_B 为广义坐标,则对应的虚位移分别为 δx_A 和 δy_B。此时除重力外,重物 A 与台面间的摩擦力 $\boldsymbol{F}_A$ 也应视为主动力。

首先,令 δx_A 向右,$\delta y_B = 0$,此时重物 C 的虚位移 $\delta y_C = \delta x_A/2$,方向向下。主动力所做虚功的和为

$$\sum\delta W_A = -F_A\delta x_A + P_C\delta y_C = \left(-F_A + \frac{1}{2}P_C\right)\delta x_A$$

对应于广义坐标 x_A 的广义力为

$$Q_{xA} = \frac{\sum\delta W_A}{\delta x_A} = \frac{1}{2}P_C - F_A \tag{a}$$

然后,令 δy_B 向下,$\delta x_A = 0$,同理可解得

$$Q_{yB} = \frac{\sum\delta W_B}{\delta y_B} = -\frac{1}{2}P_C + P \tag{b}$$

因为系统平衡时应有 $Q_{xA} = Q_{yB} = 0$,解得

$$P_C = 2P, \quad F_A = \frac{1}{2}P_C = P$$

所以平衡时,物块与水平面间的静摩擦因数为

$$f_s \geqslant \frac{F_A}{2P} = 0.5$$

§1-3　保守系统的平衡条件·平衡稳定性

若作用在质点系上的主动力均为有势力,则质点系称为保守系统,其势能可写成各质点坐标的函数,记为

$$V = V(x_1, y_1, z_1; x_2, y_2, z_2; \cdots; x_n, y_n, z_n) \tag{1-11}$$

1. 用势能表示的保守系统平衡条件

对于有势力场,虚功方程(1-6)中各力的投影都可以写成用势能 V 表达的形式,即

$$F_{ix} = -\frac{\partial V}{\partial x_i}, \quad F_{iy} = -\frac{\partial V}{\partial y_i}, \quad F_{iz} = -\frac{\partial V}{\partial z_i}$$

于是有

$$\begin{aligned}
\delta W_F &= \sum (F_{ix}\delta x_i + F_{iy}\delta y_i + F_{iz}\delta z_i) \\
&= -\sum \left(\frac{\partial V}{\partial x_i}\delta x_i + \frac{\partial V}{\partial y_i}\delta y_i + \frac{\partial V}{\partial z_i}\delta z_i \right) \\
&= -\delta V
\end{aligned}$$

这样,虚位移原理的表达式成为

$$\delta V = 0 \tag{1-12}$$

上式说明:在势力场中,具有理想约束的质点系的平衡条件为质点系的势能在平衡位置处的一阶变分为零。

如果用广义坐标 $q_1, q_2, \cdots, q_N$ 表示质点系的位置,则质点系的势能可以写成广义坐标的函数,即

$$V = V(q_1, q_2, \cdots, q_N)$$

根据广义力的表达式(1-7),在势力场中可将广义力 Q_k 写成用势能表达的形式,即

$$\begin{aligned}
Q_k &= \sum \left(F_{ix}\frac{\partial x_i}{\partial q_k} + F_{iy}\frac{\partial y_i}{\partial q_k} + F_{iz}\frac{\partial z_i}{\partial q_k} \right) \\
&= -\sum \left(\frac{\partial V}{\partial x_i}\frac{\partial x_i}{\partial q_k} + \frac{\partial V}{\partial y_i}\frac{\partial y_i}{\partial q_k} + \frac{\partial V}{\partial z_i}\frac{\partial z_i}{\partial q_k} \right) \\
&= -\frac{\partial V}{\partial q_k} \qquad (k = 1, 2, \cdots, N)
\end{aligned} \tag{1-13}$$

这样,由广义坐标表示的平衡条件可写成如下形式:

$$Q_k = -\frac{\partial V}{\partial q_k} = 0 \qquad (k = 1, 2, \cdots, N) \tag{1-14}$$

即在势力场中,具有理想约束的质点系的平衡条件是势能对于每个广义坐标的偏导数分别等于零。

2. 势能的变分

下面我们针对式(1-12)简要介绍一下质点系势能变分的概念。

(1) 势能泛函数

设 E 是数域 R 中的集合,若对于 E 中的任一数 x,都有数域中唯一的数 y 与之对应,则称在集合 E 上给定了一个函数,记作

$$y = f(x) \quad (x, y \subset R)$$

函数关系 f 可以看成是数域到自身的一个映射。

对于工程中的许多问题,仅用函数的概念无法完整描述其变化关系。例如,对定义在闭区间 $[a, b]$ 上的连续函数 $A(x)$,积分

$$I = \int_a^b A(x) \, \mathrm{d}x \tag{a}$$

存在。这样对于 $[a, b]$ 上的任一连续函数,由式(a),数域 R 中都有一个数与之对应。设定义在 $[a, b]$ 上的所有连续函数组成的集合为 Ψ,则式(a)给出了集合 Ψ 到数域 R 的一个映射关系,我们称这种映射关系为泛函数,记作

$$I = \varphi(A) \quad (I \in R, A \subset \Psi) \tag{b}$$

显然泛函数是函数概念的扩充。

对于由 n 个质点组成的质点系,任一瞬时这 n 个质点在空间中位置的集合称为该质点系的一个位形。所有满足约束条件的质点系的位形的集合称为该质点系的位形空间 $\mathscr{K}$ 。可以证明,对于完整约束系统,$\mathscr{K}$ 为线性空间。设质点系统为保守系统,则对于 $\mathscr{K}$ 中的每一个元素(即质点系的每一个位形),都有一个唯一的势能值与之对应,因此,质点系的势能可以看成是定义在位形空间 $\mathscr{K}$ 上的一个泛函数。

(2) 势能变分的定义

设 $y = f(x)$ 是定义在数域 R 上的可微函数,当自变量 x 发生微小变化 $\mathrm{d}x$ 时,对应函数值的微小变化称为函数的微分,记作

$$\mathrm{d}y = f(x + \mathrm{d}x) - f(x) = f'(x) \, \mathrm{d}x$$

同样,设 $I = \varphi(A)$ 是定义在集合 Ψ 上的泛函数,当自变量 A 发生微小变化 δA 时,对应泛函数值的微小变化称为泛函数的变分,即

$$\delta I = I(A + \delta A) - I(A) \tag{c}$$

其中,δ 为变分符号,它与符号 d 一样,都用来表示微小变化。

给质点系一组虚位移,质点系的位形会发生微小变化,对应势能的微小变化即为势能的变分。

（3）势能变分的计算

若进一步假定集合 $\boldsymbol{\Psi}$ 为 N 维线性空间，$\boldsymbol{e}_1,\boldsymbol{e}_2,\cdots,\boldsymbol{e}_N$ 是 $\boldsymbol{\Psi}$ 上的一组基。则对于 $\boldsymbol{\Psi}$ 中的任一元素 $\boldsymbol{A}$，有

$$A = \sum_{k=1}^{N} q_k \boldsymbol{e}_k$$

其中，数组 $q_1,q_2,\cdots,q_N$ 是 $\boldsymbol{A}$ 在这组基下的坐标。$\boldsymbol{A}$ 的微小变化可以写成

$$\delta A = \sum_{k=1}^{N} \delta q_k \boldsymbol{e}_k$$

其中，δq_k 是对应坐标的微小变化，称为 q_k 的变分。

由于给定一组坐标就对应于 $\boldsymbol{\Psi}$ 中的一个元素，因此，泛函数 $I=\varphi(\boldsymbol{A})$ 可以写成关于坐标 $q_1,q_2,\cdots,q_N$ 的多元函数，即

$$I=\varphi(\boldsymbol{A})=f(q_1,q_2,\cdots,q_N) \tag{d}$$

从而

$$\begin{aligned}
\delta I &= I(\boldsymbol{A} + \delta \boldsymbol{A}) - I(\boldsymbol{A}) \\
&= f(q_1 + \delta q_1, q_2 + \delta q_2, \cdots, q_N + \delta q_N) - f(q_1,q_2,\cdots,q_N) \\
&= \sum_{k=1}^{N} \frac{\partial f}{\partial q_k} \delta q_k
\end{aligned} \tag{e}$$

考虑由 n 个质点组成的质点系受 s 个理想完整约束作用，系统的自由度数 $N=3n-s$。可以证明该质点系的位形空间 $\boldsymbol{\mathcal{K}}$ 为 N 维线性空间。取质点系的一组广义坐标 $q_1,q_2,\cdots,q_N$，则 $\boldsymbol{\mathcal{K}}$ 中的一组基可以写成

$$\left. \begin{aligned}
\boldsymbol{e}_1 &= (1,0,0,\cdots,0) \\
\boldsymbol{e}_2 &= (0,1,0,\cdots,0) \\
&\cdots\cdots\cdots\cdots \\
\boldsymbol{e}_N &= (0,0,\cdots,1)
\end{aligned} \right\} \tag{f}$$

对于 $\boldsymbol{\mathcal{K}}$ 中的任一位形 $\boldsymbol{D}$ 有

$$D = \sum_{k=1}^{N} q_k \boldsymbol{e}_k \tag{g}$$

其中 $q_1,q_2,\cdots,q_N$ 为该位形所对应的广义坐标。

对于保守系统，质点系的势能可以看成是定义在位形空间 $\boldsymbol{\mathcal{K}}$ 上的泛函数

$$V=V(\boldsymbol{D})$$

由式（f）、式（g），它也可以写成关于广义坐标的多元函数，即

$$V=V(\boldsymbol{D})=V(q_1,q_2,\cdots,q_N)$$

从而由式(e)及式(1-13)得

$$\delta V = \sum_{k=1}^{N} \frac{\partial V}{\partial q_k} \delta q_k = - \delta W_F$$

3. 保守系统平衡的稳定性

引用势能还可以分析保守系统的平衡稳定性问题。满足平衡条件的保守系统可能处于不同的平衡状态,例如,图 1-4 所示的 3 个小球,就具有 3 种不同的平衡状态:图 1-4a 所示小球,在一个凹曲面的最低点处平衡,当给小球一个很小的扰动后,小球在重力作用下,仍然会回到原来的平衡位置,这种平衡状态称为稳定平衡;图 1-4b 所示小球在一水平面上平衡,小球在周围平面上的任一点都可以平衡,这种平衡状态称为随遇平衡;图 1-4c 所示小球在一个凸曲面的顶点上平衡,当给小球一个很小的扰动后,小球在重力的作用下会滚下去,不再回到原来的平衡位置,这种平衡状态称为不稳定平衡。

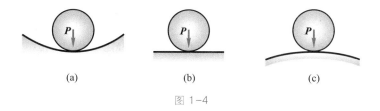

(a)   (b)   (c)

图 1-4

上述 3 种平衡状态都满足势能在平衡位置处 $\delta V = 0$ 的平衡条件,即 $\frac{\partial V}{\partial q_k} = 0$。但由图 1-4 可见:在稳定平衡位置处,当系统受到扰动后,在新的可能位置处,系统的势能都高于平衡位置处的势能,因此,在系统势能取极小值时,平衡是稳定的,系统可以从高势能位置回到低势能位置。相反,系统势能取极大值时,平衡可以是不稳定的,没有外力作用时,系统不能从低势能位置回到高势能位置。对于随遇平衡,系统在某位置附近其势能是不变的,因此,其附近任何可能位置都是平衡位置。

对于一个自由度系统,系统具有一个广义坐标 q,因此,系统势能可以表示为 q 的一元函数,即 $V = V(q)$。当系统平衡时,根据式(1-14),在平衡位置处有

$$\frac{\mathrm{d} V}{\mathrm{d} q} = 0$$

如果系统处于稳定平衡状态,则在平衡位置处,系统势能具有极小值,系统势能对广义坐标的二阶导数大于零,即

$$\frac{\mathrm{d}^2 V}{\mathrm{d} q^2} > 0$$

上式是一个自由度系统平衡的稳定性判据。多自由度系统平衡的稳定性判据可参

考其他书籍。

例 1-3　图 1-5 所示一倒置的摆,摆锤重为 $\boldsymbol{P}$,摆杆长度为 l,在摆杆上的点 A 处连有一刚度系数为 k 的水平弹簧,摆在铅垂位置时弹簧未变形。设 $OA=a$,摆杆重量不计,试确定摆杆的平衡位置及稳定平衡时所应满足的条件。

解:该系统是一个自由度系统,选择摆角 φ 为广义坐标,摆的铅垂位置为摆锤重力势能和弹簧弹性势能的零点,则对任一摆角 φ,系统的总势能等于摆锤的重力势能和弹簧弹性势能之和,即

$$V=-Pl(1-\cos\varphi)+\frac{1}{2}ka^2\varphi^2=-2Pl\sin^2\frac{\varphi}{2}+\frac{1}{2}ka^2\varphi^2$$

当 $|\varphi|\ll1°$ 时,由 $\sin\dfrac{\varphi}{2}\approx\dfrac{\varphi}{2}$,上述势能表达式可以写成

$$V=\frac{1}{2}(ka^2-Pl)\varphi^2$$

将势能 V 对 φ 求一阶导数,有

$$\frac{\mathrm{d}V}{\mathrm{d}\varphi}=(ka^2-Pl)\varphi$$

图 1-5

由 $\dfrac{\mathrm{d}V}{\mathrm{d}\varphi}=0$ 得到系统的平衡位置为 $\varphi=0$。为判别系统是否处于稳定平衡,将势能 V 对 φ 求二阶导数,得

$$\frac{\mathrm{d}^2V}{\mathrm{d}\varphi^2}=ka^2-Pl$$

对于稳定平衡,要求 $\dfrac{\mathrm{d}^2V}{\mathrm{d}\varphi^2}>0$,即

$$ka^2-Pl>0$$

或

$$a>\sqrt{\frac{Pl}{k}}$$

§1-4　动力学普遍方程

考虑由 n 个质点组成的系统,设第 i 个质点的质量为 m_i,矢径为 $\boldsymbol{r}_i$,加速度为 $\ddot{\boldsymbol{r}}_i$,其上作用有主动力 $\boldsymbol{F}_i$ 及约束力 $\boldsymbol{F}_{Ni}$。令 $\boldsymbol{F}_{Ii}=-m_i\ddot{\boldsymbol{r}}_i$ 为第 i 个质点的惯性力,则由达朗贝尔原理,作用在整个质点系上的主动力、约束力和惯性力系应组成平衡力系。若系统只受双侧理想约束作用,则由虚位移原理得

$$\sum_{i=1}^{n}(\boldsymbol{F}_i+\boldsymbol{F}_{Ni}+\boldsymbol{F}_{Ii})\cdot\delta\boldsymbol{r}_i=\sum_{i=1}^{n}(\boldsymbol{F}_i-m_i\ddot{\boldsymbol{r}}_i)\cdot\delta\boldsymbol{r}_i=0 \qquad(1-15)$$

写成解析表达式为

$$\sum_{i=1}^{n}[(F_{ix}-m_i\ddot{x}_i)\delta x_i+(F_{iy}-m_i\ddot{y}_i)\delta y_i+(F_{iz}-m_i\ddot{z}_i)\delta z_i]=0 \qquad(1-15)'$$

上式表明：在双侧理想约束的条件下，质点系在任一瞬时所受的主动力系和虚加的惯性力系在虚位移上所做的功的和等于零。式(1-15)称为**动力学普遍方程**。

动力学普遍方程将达朗贝尔原理与虚位移原理相结合，可以求解质点系的动力学问题，特别适合于求解非自由质点系的动力学问题。下面举例说明。

动画
例 1-4

例 1-4　在图 1-6 所示滑轮系统中，动滑轮上悬挂着质量为 m_1 的重物，绳子绕过定滑轮后悬挂着质量为 m_2 的重物。设滑轮和绳子的重量及轮轴摩擦力都忽略不计，求质量为 m_2 的物体下降的加速度。

解：取整个滑轮系统为研究对象，系统具有理想约束。系统所受的主动力为 $m_1\boldsymbol{g}$ 和 $m_2\boldsymbol{g}$，惯性力为

$$\boldsymbol{F}_{I1} = -m_1\boldsymbol{a}_1, \quad \boldsymbol{F}_{I2} = -m_2\boldsymbol{a}_2$$

给系统以虚位移 δs_1 和 δs_2，由动力学普遍方程得

$$(m_2 g - m_2 a_2)\delta s_2 - (m_1 g + m_1 a_1)\delta s_1 = 0$$

这是一个单自由度系统，因此，δs_1 和 δs_2 中只有一个是独立的。由定滑轮和动滑轮的传动关系，有

$$\delta s_1 = \frac{\delta s_2}{2}, \quad a_1 = \frac{a_2}{2}$$

代入前式，有

$$\left[m_2(g - a_2) - \frac{m_1}{2}\left(g + \frac{a_2}{2}\right) \right]\delta s_2 = 0$$

由 δs_2 的任意性有

$$m_2(g - a_2) - \frac{m_1}{2}\left(g + \frac{a_2}{2}\right) = 0$$

即

$$a_2 = \frac{4m_2 - 2m_1}{4m_2 + m_1}g$$

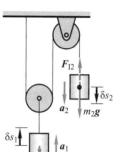

图 1-6

动画
例 1-5

例 1-5　图 1-7 中，两相同均质圆轮半径皆为 R，质量皆为 m。轮Ⅰ可绕轴 O 转动，轮Ⅱ绕有细绳并跨于轮Ⅰ上。当细绳直线部分为铅垂时，求轮Ⅱ中心 C 的加速度。

解：研究整个系统。设轮Ⅰ、Ⅱ的角加速度分别为 α_1、α_2，轮Ⅱ质心 C 的加速度为 $\boldsymbol{a}$，则系统的惯性力系可以简化成

$$F_I = ma, \quad M_{I1} = \frac{1}{2}mR^2\alpha_1, \quad M_{I2} = \frac{1}{2}mR^2\alpha_2$$

方向如图所示。此系统具有两个自由度，取轮Ⅰ、轮Ⅱ的转角 φ_1、φ_2 为广义坐标。

令 $\delta\varphi_1 = 0, \delta\varphi_2 \neq 0$，则点 C 下降 $\delta h = R\delta\varphi_2$。根据动力学普遍方程有

$$mg\delta h - F_I\delta h - M_{I2}\delta\varphi_2 = 0$$

或

$$g - a - \frac{1}{2}\alpha_2 R = 0$$

图 1-7

再令 $\delta\varphi_1 \neq 0, \delta\varphi_2 = 0$,则 $\delta h = R\delta\varphi_1$,代入动力学普遍方程得

$$mg\delta h - F_1\delta h - M_{11}\delta\varphi_1 = 0 \qquad\qquad (\text{a})$$

或

$$g - a - \frac{1}{2}\alpha_1 R = 0 \qquad\qquad (\text{b})$$

考虑运动学关系

$$a = \alpha_1 R + \alpha_2 R \qquad\qquad (\text{c})$$

联立式(a)、式(b)、式(c)解出

$$a = \frac{4}{5}g$$

由以上例题可见,用动力学普遍方程求解问题的关键是将约束方程代入虚功方程,再利用独立虚位移的任意性求解。由此可从约束方程的一般形式式(1-3)出发,得到普遍性的结果,这就是著名的拉格朗日方程。

§1-5　第二类拉格朗日方程

设由 n 个质点组成的系统受 s 个完整双侧约束作用[式(1-3)]。系统具有 $N = 3n-s$ 个自由度。设 $q_1, q_2, \cdots, q_N$ 为系统的一组广义坐标,且由式(1-3)可以解出

$$\boldsymbol{r}_i = \boldsymbol{r}_i(q_1, q_2, \cdots, q_N, t) \qquad (i = 1, 2, \cdots, n)$$

上式即式(1-4),对上式两边求变分,得到

$$\delta\boldsymbol{r}_i = \sum_{k=1}^{N} \frac{\partial \boldsymbol{r}_i}{\partial q_k}\delta q_k$$

注意

$$\sum_{i=1}^{n} \boldsymbol{F}_i \cdot \delta\boldsymbol{r}_i = \sum_{k=1}^{N} Q_k \delta q_k$$

将以上两式代入式(1-15),并注意交换求和次序,可得

$$\sum_{i=1}^{n} (\boldsymbol{F}_i - m_i \ddot{\boldsymbol{r}}_i) \cdot \delta\boldsymbol{r}_i = \sum_{k=1}^{N} \left(Q_k - \sum_{i=1}^{n} m_i \ddot{\boldsymbol{r}}_i \cdot \frac{\partial \boldsymbol{r}_i}{\partial q_k} \right) \delta q_k = 0$$

对于完整约束系统,其广义坐标是相互独立的,故 $\delta q_k (k = 1, 2, \cdots, N)$ 是任意的。为使上式恒成立,必须有

$$Q_k - \sum_{i=1}^{n} m_i \ddot{\boldsymbol{r}}_i \cdot \frac{\partial \boldsymbol{r}_i}{\partial q_k} = 0 \qquad (k = 1, 2, \cdots, N) \qquad (1-16)$$

式(1-16)中的第二项与广义力 Q_k 相对应,可称为广义惯性力。

式(1-16)不便于直接应用,为此可作如下变换。

$$(1)\ \frac{\partial \boldsymbol{r}_i}{\partial q_k} = \frac{\partial \dot{\boldsymbol{r}}_i}{\partial \dot{q}_k} \qquad\qquad (1-17)$$

证明:将式(1-4)两边对时间 t 求导数,得

$$\frac{\mathrm{d}\boldsymbol{r}_i}{\mathrm{d}t} = \dot{\boldsymbol{r}}_i = \sum_{k=1}^{N} \frac{\partial \boldsymbol{r}_i}{\partial q_k} \dot{q}_k + \frac{\partial \boldsymbol{r}_i}{\partial t} = \dot{\boldsymbol{r}}_i(q_1, q_2, \cdots, q_N, \dot{q}_1, \dot{q}_2, \cdots, \dot{q}_N, t)$$

注意 $\dfrac{\partial \boldsymbol{r}_i}{\partial q_k}$ 和 $\dfrac{\partial \boldsymbol{r}_i}{\partial t}$ 只是广义坐标和时间 t 的函数,将上式两边对 $\dot{q}_k$ 求偏导数,即得式(1-17)。式中 $\dot{q}_k$ 为广义坐标对时间的导数,称为广义速度。

（2） $$\frac{\mathrm{d}}{\mathrm{d}t}\left(\frac{\partial \boldsymbol{r}_i}{\partial q_k}\right) = \frac{\partial \dot{\boldsymbol{r}}_i}{\partial q_k} \tag{1-18}$$

证明:这实际上是一个交换求导次序的问题。由式(1-4)有

$$\frac{\partial \boldsymbol{r}_i}{\partial q_k} = \frac{\partial \boldsymbol{r}_i}{\partial q_k}(q_1, q_2, \cdots, q_N, t)$$

对时间 t 求微分,得

$$\frac{\mathrm{d}}{\mathrm{d}t}\left(\frac{\partial \boldsymbol{r}_i}{\partial q_k}\right) = \sum_{j=1}^{N} \frac{\partial}{\partial q_j}\left(\frac{\partial \boldsymbol{r}_i}{\partial q_k}\right)\dot{q}_j + \frac{\partial}{\partial t}\left(\frac{\partial \boldsymbol{r}_i}{\partial q_k}\right) = \sum_{j=1}^{N} \frac{\partial^2 \boldsymbol{r}_i}{\partial q_j \partial q_k}\dot{q}_j + \frac{\partial^2 \boldsymbol{r}_i}{\partial t \partial q_k} \tag{1-19}$$

而

$$\frac{\partial \dot{\boldsymbol{r}}_i}{\partial q_k} = \frac{\partial}{\partial q_k}\left(\sum_{j=1}^{N} \frac{\partial \boldsymbol{r}_i}{\partial q_j}\dot{q}_j + \frac{\partial \boldsymbol{r}_i}{\partial t}\right) = \sum_{j=1}^{N} \frac{\partial^2 \boldsymbol{r}_i}{\partial q_k \partial q_j}\dot{q}_j + \frac{\partial^2 \boldsymbol{r}_i}{\partial q_k \partial t} \tag{1-20}$$

若函数 $\boldsymbol{r}_i = \boldsymbol{r}_i(q_1, q_2, \cdots, q_N, t)$ 的一阶和二阶偏导数连续,则式(1-19)与式(1-20)相等,从而式(1-18)成立。

由式(1-17)和式(1-18),有

$$\sum_{i=1}^{n} m_i \ddot{\boldsymbol{r}}_i \cdot \frac{\partial \boldsymbol{r}_i}{\partial q_k} = \sum_{i=1}^{n} m_i \frac{\mathrm{d}}{\mathrm{d}t}\left(\dot{\boldsymbol{r}}_i \cdot \frac{\partial \boldsymbol{r}_i}{\partial q_k}\right) - \sum_{i=1}^{n} m_i \dot{\boldsymbol{r}}_i \cdot \frac{\mathrm{d}}{\mathrm{d}t}\left(\frac{\partial \boldsymbol{r}_i}{\partial q_k}\right)$$

$$= \sum_{i=1}^{n} m_i \frac{\mathrm{d}}{\mathrm{d}t}\left(\dot{\boldsymbol{r}}_i \cdot \frac{\partial \dot{\boldsymbol{r}}_i}{\partial \dot{q}_k}\right) - \sum_{i=1}^{n} m_i \dot{\boldsymbol{r}}_i \cdot \frac{\partial \dot{\boldsymbol{r}}_i}{\partial q_k}$$

$$= \frac{\mathrm{d}}{\mathrm{d}t}\sum_{i=1}^{n}\left(m_i \dot{\boldsymbol{r}}_i \cdot \frac{\partial \dot{\boldsymbol{r}}_i}{\partial \dot{q}_k}\right) - \frac{\partial}{\partial q_k}\sum_{i=1}^{n}\left(\frac{1}{2}m_i \dot{\boldsymbol{r}}_i \cdot \dot{\boldsymbol{r}}_i\right)$$

$$= \frac{\mathrm{d}}{\mathrm{d}t}\left[\frac{\partial}{\partial \dot{q}_k}\sum_{i=1}^{n}\left(\frac{1}{2}m_i v_i^2\right)\right] - \frac{\partial}{\partial q_k}\sum_{i=1}^{n}\left(\frac{1}{2}m_i v_i^2\right)$$

$$= \frac{\mathrm{d}}{\mathrm{d}t}\left(\frac{\partial T}{\partial \dot{q}_k}\right) - \frac{\partial T}{\partial q_k} \tag{1-21}$$

其中, $v_i^2 = \dot{\boldsymbol{r}}_i \cdot \dot{\boldsymbol{r}}_i$ 为第 i 个质点速度的平方, $T = \sum_{i=1}^{n} \frac{1}{2}m_i v_i^2$ 为质点系的动能。

将式(1-21)代入式(1-16),得到

$$\frac{\mathrm{d}}{\mathrm{d}t}\left(\frac{\partial T}{\partial \dot{q}_k}\right) - \frac{\partial T}{\partial q_k} - Q_k = 0 \qquad (k = 1, 2, \cdots, N) \tag{1-22}$$

式(1-22)称为**第二类拉格朗日方程**,简称拉格朗日方程,该方程组为二阶常微分方程组,其中方程式的数目等于质点系的自由度数。

如果作用在质点系上的主动力都是有势力(保守力),则广义力 Q_k 可写成用质点系势能表达的形式[式(1-13)],于是拉格朗日方程式(1-22)可以写成

$$\frac{\mathrm{d}}{\mathrm{d}t}\left(\frac{\partial T}{\partial \dot{q}_k}\right)-\frac{\partial T}{\partial q_k}+\frac{\partial V}{\partial q_k}=0 \qquad (k=1,2,\cdots,N)$$

引入拉格朗日函数(又称为动势)

$$L=T-V$$

并注意势能不是广义速度的函数,则拉格朗日方程又可以写成

$$\frac{\mathrm{d}}{\mathrm{d}t}\left(\frac{\partial L}{\partial \dot{q}_k}\right)-\frac{\partial L}{\partial q_k}=0 \qquad (k=1,2,\cdots,N) \tag{1-23}$$

拉格朗日方程是解决完整约束系统动力学问题的普遍方程。它形式简洁、便于计算,广泛用于求解复杂质点系的动力学问题。

例1-6 图1-8所示的系统中,轮 A 沿水平面纯滚动,轮心以水平弹簧连于墙上,质量为 m_1 的物块 C 以细绳跨过定滑轮 B 连于点 A。A、B 两轮皆为均质圆盘,半径均为 R,质量均为 m_2。弹簧刚度系数为 k,质量不计。当弹簧较软,在细绳能始终保持张紧的条件下,求此系统的运动微分方程。

动画
例1-6

解: 此系统具有一个自由度,以物块平衡位置为原点,取 x 为广义坐标,如图所示。以平衡位置为重力零势能点,取弹簧原长处为弹性力零势能点,系统在任意位置 x 处的势能为

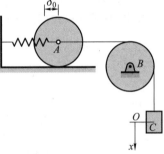

图1-8

$$V=\frac{1}{2}k(\delta_0+x)^2-m_1gx$$

其中 δ_0 为平衡位置处弹簧的伸长量。由运动学关系式,当物块速度为 $\dot{x}$ 时,轮 B 角速度为 $\dot{x}/R$,轮 A 质心速度为 $\dot{x}$,角速度亦为 $\dot{x}/R$,此系统的动能为

$$T=\frac{1}{2}m_1\dot{x}^2+\frac{1}{2}\times\frac{1}{2}m_2R^2\left(\frac{\dot{x}}{R}\right)^2+\frac{1}{2}m_2\dot{x}^2+\frac{1}{2}\times\frac{1}{2}m_2R^2\left(\frac{\dot{x}}{R}\right)^2=\left(m_2+\frac{1}{2}m_1\right)\dot{x}^2$$

系统的动势为

$$L=T-V=\left(m_2+\frac{1}{2}m_1\right)\dot{x}^2-\frac{1}{2}k(\delta_0+x)^2+m_1gx$$

代入拉格朗日方程 $\dfrac{\mathrm{d}}{\mathrm{d}t}\left(\dfrac{\partial L}{\partial \dot{x}}\right)-\dfrac{\partial L}{\partial x}=0$ 得

$$(2m_2+m_1)\ddot{x}+k\delta_0+kx-m_1g=0$$

注意到 $k\delta_0=m_1g$,则系统的运动微分方程为

$$(2m_2+m_1)\ddot{x}+kx=0$$

例 1-7　在图 1-9 所示的运动系统中,重物 M_1 的质量为 m_1,可沿光滑水平面移动,摆锤 M_2 的质量为 m_2(尺寸忽略不计),两个物体用无重杆连接,杆长为 l。试建立此系统的运动微分方程。

解:取系统为研究对象,建立如图所示坐标系。选 x_1 和 φ 为广义坐标,则有

$$y_1 = 0, \quad x_2 = x_1 - l\sin \varphi, \quad y_2 = l\cos \varphi \qquad (\text{a})$$

将式(a)两端对时间 t 求导数,得

$$\dot{y}_1 = 0, \quad \dot{x}_2 = \dot{x}_1 - l\dot{\varphi}\cos \varphi, \quad \dot{y}_2 = -l\dot{\varphi}\sin \varphi \qquad (\text{b})$$

系统的动能为

$$T = \frac{1}{2}m_1\dot{x}_1^2 + \frac{1}{2}m_2(\dot{x}_2^2 + \dot{y}_2^2)$$

$$= \frac{1}{2}(m_1 + m_2)\dot{x}_1^2 + \frac{m_2 l}{2}(l\dot{\varphi}^2 - 2\dot{x}_1\dot{\varphi}\cos \varphi)$$

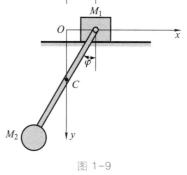

图 1-9

选质点 M_2 在最低处时的位置为系统的零势能位置,则系统的势能为

$$V = m_2 gl(1 - \cos \varphi)$$

由此得

$$\frac{\partial T}{\partial x_1} = 0, \quad \frac{\partial T}{\partial \dot{x}_1} = (m_1 + m_2)\dot{x}_1 - m_2 l\cos \varphi \cdot \dot{\varphi}$$

$$\frac{\text{d}}{\text{d}t}\left(\frac{\partial T}{\partial \dot{x}_1}\right) = (m_1 + m_2)\ddot{x}_1 - m_2 l\cos \varphi \cdot \ddot{\varphi} + m_2 l\sin \varphi \cdot \dot{\varphi}^2$$

$$Q_x = -\frac{\partial V}{\partial x_1} = 0$$

$$\frac{\partial T}{\partial \varphi} = m_2 l\dot{\varphi}\dot{x}_1\sin \varphi, \quad \frac{\partial T}{\partial \dot{\varphi}} = m_2 l^2\dot{\varphi} - m_2 l\dot{x}_1\cos \varphi$$

$$\frac{\text{d}}{\text{d}t}\left(\frac{\partial T}{\partial \dot{\varphi}}\right) = m_2 l(l\ddot{\varphi} - \cos \varphi \cdot \ddot{x}_1 + \dot{x}_1\sin \varphi \cdot \dot{\varphi})$$

$$Q_\varphi = -\frac{\partial V}{\partial \varphi} = -m_2 gl\sin \varphi$$

将以上结果代入拉格朗日方程中,得

$$(m_1 + m_2)\ddot{x}_1 - m_2 l\ddot{\varphi}\cos \varphi + m_2 l\dot{\varphi}^2\sin \varphi = 0$$

$$m_2 l(l\ddot{\varphi} - \ddot{x}_1\cos \varphi) = -m_2 gl\sin \varphi$$

如果质点 M_2 摆动很小,可以近似地认为 $\sin \varphi \approx \varphi$,$\cos \varphi \approx 1$,且可以忽略含 $\dot{\varphi}^2$ 的高阶小量,上式可改写为

$$(m_1 + m_2)\ddot{x}_1 - m_2 l\ddot{\varphi} = 0 \qquad (\text{c})$$

$$l\ddot{\varphi} - \ddot{x}_1 = -g\varphi \qquad (\text{d})$$

从以上两式中消去 $\ddot{x}_1$,得到

$$\ddot{\varphi} + \frac{m_1 + m_2}{m_1} \cdot \frac{g}{l}\varphi = 0 \qquad (\text{e})$$

这是自由振动的微分方程，其解为

$$\varphi = A\sin(\omega_0 t + \theta) \tag{f}$$

固有角频率为

$$\omega_0 = \sqrt{\frac{m_1 + m_2}{m_1}\frac{g}{l}}$$

摆动周期

$$\tau = \frac{2\pi}{\omega_0} = 2\pi\sqrt{\frac{m_1}{m_1 + m_2}\frac{l}{g}} \tag{g}$$

如果 $m_1 \gg m_2$，则质点 M_1 的位移 x_1 将很小，质点 M_2 的摆动周期将趋于普通单摆的周期，即

$$\lim_{m_1 \to \infty} \tau = 2\pi\sqrt{\frac{l}{g}}$$

若将式（e）代入式（d），得到

$$\ddot{x}_1 = -\frac{m_2}{m_1}g\varphi \tag{h}$$

将式（f）代入，可见质点 M_1 沿 x 方向也做自由振动。

例 1-8　图 1-10 所示单摆，摆长为 l，小球质量为 m（尺寸忽略不计），其悬挂点 A 以加速度 $\boldsymbol{a}_0$ 向上运动。试建立单摆的运动微分方程，并求其做微幅振动的周期。

解：单摆为一单自由度系统。由于悬挂点 A 以加速度 $\boldsymbol{a}_0$ 向上运动，小球受到非定常约束作用。对于非定常约束，某瞬时质点的虚位移是指将时间固定后约束所允许的无限小位移，因此，绳索对小球的约束力在虚位移上做的虚功恒为零，该约束为理想约束。选取绳索与铅垂线的夹角 φ 为广义坐标，取固定坐标系 Oxy，小球在坐标系中的坐标为

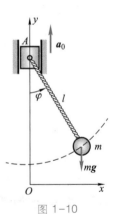

图 1-10

$$x = l\sin\varphi, \quad y = y_A - l\cos\varphi$$

$$\dot{x} = \dot{\varphi}l\cos\varphi, \quad \dot{y} = \dot{y}_A + \dot{\varphi}l\sin\varphi$$

小球的动能为

$$T = \frac{1}{2}m(\dot{x}^2 + \dot{y}^2) = \frac{1}{2}m(\dot{y}_A^2 + 2\dot{y}_A\dot{\varphi}l\sin\varphi + \dot{\varphi}^2 l^2)$$

取 $y = 0$ 为势能零点，小球的重力势能为

$$V = mgy = mg(y_A - l\cos\varphi)$$

系统的拉格朗日函数为

$$L = T - V = \frac{1}{2}m(\dot{y}_A^2 + 2\dot{y}_A\dot{\varphi}l\sin\varphi + \dot{\varphi}^2 l^2) - mg(y_A - l\cos\varphi)$$

单摆的运动微分方程为

$$\frac{\mathrm{d}}{\mathrm{d}t}\left(\frac{\partial L}{\partial\dot{\varphi}}\right) - \frac{\partial L}{\partial\varphi} = 0$$

即

$$m(l^2\ddot{\varphi} + \ddot{y}_A l\sin\varphi) + mgl\sin\varphi = 0$$

代入 $\ddot{y}_A = a_0$，得

$$\ddot{\varphi} + \frac{g+a_0}{l}\sin\varphi = 0$$

单摆做微幅振动，$\sin\varphi \approx \varphi$，从而

$$\ddot{\varphi} + \frac{g+a_0}{l}\varphi = 0$$

振动周期

$$\tau = 2\pi\sqrt{\frac{l}{g+a_0}}$$

随 a_0 的增加而变短。

§1-6　拉格朗日方程的初积分

拉格朗日方程是关于广义坐标 q_k 的二阶微分方程组，如果要求系统的运动规律，则需要对方程进行积分。一般情况下，二阶微分方程组的积分是很困难的。对于保守系统，在某些条件下，可以方便地得出拉格朗日方程初积分的一般形式。

1. 循环积分

拉格朗日函数中显含所有的广义速度，但可能不显含某些广义坐标。如果 L 中不显含某一广义坐标 q_k，则该坐标称为循环坐标，此时有

$$\frac{\partial L}{\partial q_k} = 0, \quad \frac{\mathrm{d}}{\mathrm{d}t}\left(\frac{\partial L}{\partial \dot{q}_k}\right) = 0$$

所以有

$$\frac{\partial L}{\partial \dot{q}_k} = 常数$$

上式称为拉格朗日方程的循环积分。如果系统的循环坐标不止一个，那么有几个循环坐标就有几个循环积分。

注意势能 V 中不显含 $\dot{q}_k$，从而有

$$\frac{\partial L}{\partial \dot{q}_k} = \frac{\partial T}{\partial \dot{q}_k} = p_k = 常数 \tag{1-24}$$

其中 p_k 称为与广义坐标 q_k 对应的广义动量。上式表明：对于循环坐标，广义动量守恒。

2. 广义能量积分

若质点系只受完整双侧约束作用，则由式(1-4)得

$$\boldsymbol{v}_i = \dot{\boldsymbol{r}}_i = \sum_{k=1}^{N} \frac{\partial \boldsymbol{r}_i}{\partial q_k} \dot{q}_k + \frac{\partial \boldsymbol{r}_i}{\partial t}$$

从而

$$T = \sum_{i=1}^{n} \frac{1}{2} m_i v_i^2 = \frac{1}{2} \sum_{i=1}^{n} m_i \boldsymbol{v}_i \cdot \boldsymbol{v}_i$$

$$= \frac{1}{2} \sum_{i=1}^{n} m_i \left(\sum_{k=1}^{N} \frac{\partial \boldsymbol{r}_i}{\partial q_k} \dot{q}_k + \frac{\partial \boldsymbol{r}_i}{\partial t} \right) \cdot \left(\sum_{l=1}^{N} \frac{\partial \boldsymbol{r}_i}{\partial q_l} \dot{q}_l + \frac{\partial \boldsymbol{r}_i}{\partial t} \right)$$

$$= T_2 + T_1 + T_0 \tag{1-25}$$

其中

$$T_0 = \frac{1}{2} \sum_{i=1}^{n} m_i \left(\frac{\partial \boldsymbol{r}_i}{\partial t} \cdot \frac{\partial \boldsymbol{r}_i}{\partial t} \right)$$

$$T_1 = \sum_{k=1}^{N} \left(\sum_{i=1}^{n} m_i \frac{\partial \boldsymbol{r}_i}{\partial q_k} \cdot \frac{\partial \boldsymbol{r}_i}{\partial t} \right) \dot{q}_k$$

$$T_2 = \frac{1}{2} \sum_{k=1}^{N} \sum_{l=1}^{N} \left(\sum_{i=1}^{n} m_i \frac{\partial \boldsymbol{r}_i}{\partial q_k} \cdot \frac{\partial \boldsymbol{r}_i}{\partial q_l} \right) \dot{q}_k \dot{q}_l$$

这里 T_0、T_1 和 T_2 分别是关于广义速度 $\dot{q}_k$ 的零次、一次和二次齐次函数。由齐次函数的欧拉定理(请读者自行证明)得

$$\sum_{k=1}^{N} \frac{\partial T_1}{\partial \dot{q}_k} \dot{q}_k = T_1, \qquad \sum_{k=1}^{N} \frac{\partial T_2}{\partial \dot{q}_k} \dot{q}_k = 2T_2 \tag{1-26}$$

若系统的拉格朗日函数不显含时间 t，则有

$$\frac{\mathrm{d}L}{\mathrm{d}t} = \sum_{k=1}^{N} \left(\frac{\partial L}{\partial q_k} \dot{q}_k + \frac{\partial L}{\partial \dot{q}_k} \ddot{q}_k \right)$$

代入式(1-23)得

$$\frac{\mathrm{d}L}{\mathrm{d}t} = \sum_{k=1}^{N} \left[\frac{\mathrm{d}}{\mathrm{d}t} \left(\frac{\partial L}{\partial \dot{q}_k} \right) \dot{q}_k + \frac{\partial L}{\partial \dot{q}_k} \ddot{q}_k \right] = \frac{\mathrm{d}}{\mathrm{d}t} \left(\sum_{k=1}^{N} \frac{\partial L}{\partial \dot{q}_k} \dot{q}_k \right)$$

从而

$$\frac{\mathrm{d}}{\mathrm{d}t} \left(\sum_{k=1}^{N} \frac{\partial L}{\partial \dot{q}_k} \dot{q}_k - L \right) = 0$$

积分上式，有

$$\sum_{k=1}^{N} \frac{\partial L}{\partial \dot{q}_k} \dot{q}_k - L = 常数$$

代入式(1-25)和式(1-26),并注意势能 V 不含广义速度 $\dot{q}_k$,从而上式可以写成

$$T_2 - T_0 + V = 常数 \tag{1-27}$$

式(1-27)左端具有能量的量纲,通常称为系统的广义能量积分。

若系统受到的约束均为定常约束,即

$$\boldsymbol{r}_i = \boldsymbol{r}_i(q_1, q_2, \cdots, q_N)$$

此时有 $T_0 = T_1 = 0$,系统的动能为广义速度 $\dot{q}_k$ 的二次齐次函数。式(1-27)可以写成

$$T + V = 常数$$

这就是保守系统的机械能守恒定律,也称为能量积分。

循环积分和广义能量积分都是由原来的二阶微分方程积分一次得到的,它们都是比原方程低一阶的微分方程,即将原方程降了一阶。因此,在应用拉格朗日方程解题时,首先应分析有无广义能量积分和循环积分存在。若存在上述积分,则可以直接写出其积分形式,使问题简化。

例 1-9 图 1-11 表示一均质圆柱体可绕其垂直中心轴自由转动。圆柱体表面上刻有一倾角为 θ 的螺旋槽。今在槽中放一小球 M,自静止开始沿槽下滑,同时使圆柱体绕轴线转动。设小球质量为 m_1,圆柱体的质量为 m_2,半径为 R,不计摩擦。求当小球下降的高度为 h 时,小球相对于圆柱体的速度,以及圆柱体的角速度。

解:小球与圆柱体组成的系统是具有两个自由度的系统,并具有定常、完整、理想约束。因为系统所受的主动力是重力,所以是保守系统。

取圆柱体的转角 φ 和沿螺旋槽方向的弧坐标 s 为广义坐标。取小球为动点,圆柱体为动系,利用点的速度合成公式(图 1-11),则小球的动能为

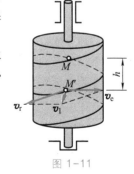

图 1-11

$$T_1 = \frac{1}{2} m_1 v_1^2 = \frac{1}{2} m_1 [v_e^2 + v_r^2 + 2 v_e v_r \cos(\pi - \theta)]$$

$$= \frac{m_1}{2} (\dot{s}^2 + R^2 \dot{\varphi}^2 - 2 R \dot{s} \dot{\varphi} \cos\theta)$$

圆柱体的动能为

$$T_2 = \frac{1}{2} J \dot{\varphi}^2 = \frac{1}{2} \left(\frac{m_2}{2} R^2\right) \dot{\varphi}^2 = \frac{1}{4} m_2 R^2 \dot{\varphi}^2$$

系统的动能为

$$T = T_1 + T_2 = \frac{1}{4} [2 m_1 \dot{s}^2 + (2 m_1 + m_2) R^2 \dot{\varphi}^2 - 4 m_1 R \dot{s} \dot{\varphi} \cos\theta]$$

可见此时动能 T 是广义速度 $\dot{s}$ 和 $\dot{\varphi}$ 的二次齐次函数。

若选择小球起点为势能零点,则系统势能 V 可表示为

$$V = -m_1 g s \sin\theta$$

系统的拉格朗日函数为

$$L = T - V = \frac{1}{4}\left[2m_1\dot{s}^2 + (2m_1 + m_2)R^2\dot{\varphi}^2 - 4m_1 R\dot{s}\dot{\varphi}\cos\theta\right] + m_1 g s\sin\theta$$

由于 L 中不显含时间 t 和广义坐标 φ,系统有能量积分和循环积分,于是我们有两个一次积分式

$$\frac{\partial T}{\partial \dot{\varphi}} = C_1, \qquad T + V = C_2$$

将动能和势能表达式代入上式得

$$\frac{2m_1 + m_2}{2}R^2\dot{\varphi} - m_1 R\dot{s}\cos\theta = C_1 \tag{a}$$

$$\frac{1}{4}\left[2m_1\dot{s}^2 + (2m_1 + m_2)R^2\dot{\varphi}^2 - 4m_1 R\dot{s}\dot{\varphi}\cos\theta\right] - m_1 g s\sin\theta = C_2 \tag{b}$$

将初始条件 $t = 0$ 时,$s = 0$,$\dot{s} = 0$,$\dot{\varphi} = 0$ 代入上式,得 $C_1 = C_2 = 0$,由此,从式(a)中解得

$$\dot{\varphi} = \frac{2m_1}{(2m_1 + m_2)R}\dot{s}\cos\theta \tag{c}$$

代入式(b),并令 $h = s\sin\theta$,得

$$\frac{2m_1\sin^2\theta + m_2}{2m_1 + m_2}\dot{s}^2 = 2gh$$

由此得小球相对于圆柱体的速度为

$$v_r = \dot{s} = \sqrt{\frac{2m_1 + m_2}{2m_1\sin^2\theta + m_2}2gh} \tag{d}$$

再由式(c)得圆柱体转动的角速度为

$$\dot{\varphi} = \frac{2m_1\cos\theta}{R}\sqrt{\frac{2gh}{(2m_1 + m_2)(2m_1\sin^2\theta + m_2)}}$$

例 1-10 如图 1-12a 所示,均质杆 AB 长为 l,质量为 m,由直立位置开始滑动,上端 A 沿墙壁向下滑,下端 B 沿地板向右滑,不计摩擦。试用拉格朗日方程求杆 AB 在任意位置 φ 时的角速度 ω、角加速度 α 和 A 处的约束力。

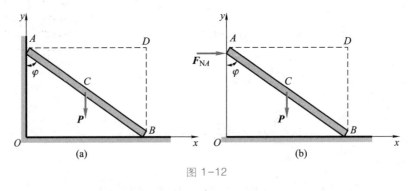

图 1-12

解:杆 AB 受理想、完整约束作用,所受的主动力只有重力(作用在质心 C 上),系统自由度数为 1。取角度 φ 为广义坐标,杆 AB 的动能为

$$T = \frac{1}{2} J_D \dot{\varphi}^2 = \frac{1}{6} m l^2 \dot{\varphi}^2$$

其中点 D 为杆 AB 的速度瞬心。取水平面 $y = 0$ 为势能零点，则势能为

$$V = \frac{1}{2} mgl\cos\varphi$$

由于约束是定常的，故有能量积分

$$T + V = \frac{1}{6} m l^2 \dot{\varphi}^2 + \frac{1}{2} mgl\cos\varphi = C$$

由杆 AB 初始静止，$\varphi = 0$ 时，$\dot{\varphi} = 0$，从而 $C = mgl/2$，得到

$$\dot{\varphi}^2 = \frac{3g}{l}(1 - \cos\varphi) \qquad\qquad (a)$$

角速度为

$$\omega = \dot{\varphi} = \sqrt{\frac{3g}{l}(1 - \cos\varphi)}$$

将式(a)两边对时间求导数，整理得角加速度为

$$\alpha = \ddot{\varphi} = \frac{3g}{2l}\sin\varphi \qquad\qquad (b)$$

为求 A 端的约束力，需把 A 处的约束解除，代以力 $\boldsymbol{F}_{NA}$(图 1-12b)。此时系统的自由度数为 2。取 φ 和 x_A 为广义坐标，质心 C 的坐标和速度可以表示为

$$x_C = x_A + \frac{l}{2}\sin\varphi, \quad \dot{x}_C = \dot{x}_A + \frac{l}{2}\cos\varphi \cdot \dot{\varphi}$$

$$y_C = \frac{l}{2}\cos\varphi, \quad \dot{y}_C = -\frac{l}{2}\sin\varphi \cdot \dot{\varphi}$$

系统的动能为

$$T = \frac{1}{2} m(\dot{x}_C^2 + \dot{y}_C^2) + \frac{1}{2} J_C \dot{\varphi}^2 = \frac{1}{2} m\left(\dot{x}_A^2 + \dot{x}_A l\cos\varphi \cdot \dot{\varphi} + \frac{l^2}{3}\dot{\varphi}^2\right)$$

为求出广义坐标对应的广义力，首先令 $\delta\varphi \neq 0$、$\delta x_A = 0$，则对应主动力做的虚功为

$$\delta W_1 = -P\delta y_C = P\frac{l}{2}\sin\varphi \cdot \delta\varphi = Q_1\delta\varphi$$

φ 所对应的广义力为

$$Q_1 = \frac{1}{2} mgl\sin\varphi$$

令 $\delta x_A \neq 0$、$\delta\varphi = 0$，有

$$\delta W_2 = F_{NA}\delta x_A = Q_2\delta x_A$$

从而 x_A 所对应的广义力为

$$Q_2 = F_{NA}$$

代入拉格朗日方程得

$$\frac{\mathrm{d}}{\mathrm{d}t}\left(\frac{\partial T}{\partial\dot{\varphi}}\right)-\frac{\partial T}{\partial\varphi}=Q_1, \quad \frac{\mathrm{d}}{\mathrm{d}t}\left(\frac{\partial T}{\partial\dot{x}_A}\right)-\frac{\partial T}{\partial x_A}=Q_2$$

得到

$$\cos\varphi\cdot\ddot{x}_A+\frac{2}{3}l\ddot{\varphi}=g\sin\varphi$$

$$m\left(\ddot{x}_A-\frac{l}{2}\sin\varphi\cdot\dot{\varphi}^2+\frac{l}{2}\cos\varphi\cdot\ddot{\varphi}\right)=F_{NA}$$

代入 A 端的约束条件 $\dot{x}_A=\ddot{x}_A=0$，得到

$$F_{NA}=\frac{1}{2}ml(\cos\varphi\cdot\ddot{\varphi}-\sin\varphi\cdot\dot{\varphi}^2)$$

代入式（a）和式（b），得

$$F_{NA}=\frac{3}{4}mg\sin\varphi(3\cos\varphi-2)$$

例 1-11　半径为 R 的环形管，绕铅垂轴 z 轴以匀角速度 ω 转动，如图 1-13 所示。环形管内有一质量为 m 的小球，原在最低处平衡，小球受微小扰动时可能会沿环形管上升。忽略管壁摩擦，求小球相对于环形管的平衡位置。

解：取小球为研究对象，环形管可看作理想、完整、非定常约束，小球的自由度数 $N=1$，取过小球的半径与铅垂线之间的夹角 φ 为广义坐标。

取小球为动点，环形管为动参考系，则小球的相对速度为

$$v_r=R\dot{\varphi}$$

牵连运动为绕 z 轴的转动，牵连速度为

$$v_e=R\omega\sin\varphi$$

小球的绝对速度为

$$v_a^2=v_r^2+v_e^2=R^2(\omega^2\sin^2\varphi+\dot{\varphi}^2) \quad\quad (a)$$

小球的动能为

$$T=\frac{1}{2}mv_a^2=\frac{1}{2}mR^2(\omega^2\sin^2\varphi+\dot{\varphi}^2)=T_0+T_2 \quad\quad (b)$$

取环形管中心为重力势能零点，有

$$V=-mgR\cos\varphi$$

由广义能量守恒得

$$T_2-T_0+V=\frac{1}{2}mR^2(\dot{\varphi}^2-\omega^2\sin^2\varphi)-mgR\cos\varphi=C \quad\quad (c)$$

将式（c）两端对时间 t 求导数并化简，得

$$R\ddot{\varphi}-R\omega^2\sin\varphi\cos\varphi+g\sin\varphi=0$$

在稳定平衡位置处有

$$\dot{\varphi}=\ddot{\varphi}=0$$

从而有

$$\sin\varphi(g-R\omega^2\cos\varphi)=0$$

由 $\sin\varphi=0$，得到 $\varphi=0$。

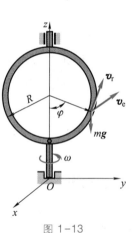

图 1-13

由

$$g - R\omega^2 \cos \varphi = 0$$

得到

$$\cos \varphi = \frac{g}{R\omega^2}$$

上述两个解即为小球相对于环形管的平衡位置。

§1-7 第一类拉格朗日方程

将约束方程式(1-3)代入动力学普遍方程式(1-15)的一种更为普遍的方法就是采用拉格朗日乘子法,将式(1-15)化成无约束方程组来求解,而代入的约束方程则采用其微分形式。引入符号

$$\frac{\partial f_k}{\partial \boldsymbol{r}_i} = \frac{\partial f_k}{\partial x_i} \boldsymbol{i} + \frac{\partial f_k}{\partial y_i} \boldsymbol{j} + \frac{\partial f_k}{\partial z_i} \boldsymbol{k} \tag{1-28}$$

对式(1-3)两边取变分,得

$$\sum_{i=1}^{n} \frac{\partial f_k}{\partial \boldsymbol{r}_i} \cdot \delta \boldsymbol{r}_i = 0 \qquad (k = 1, 2, \cdots, s) \tag{1-29}$$

引入拉格朗日乘子 $\lambda_k (k = 1, 2, \cdots, s)$,将式(1-29)两端乘以 λ_k 并对 k 求和,得

$$\sum_{k=1}^{s} \lambda_k \left(\sum_{i=1}^{n} \frac{\partial f_k}{\partial \boldsymbol{r}_i} \cdot \delta \boldsymbol{r}_i \right) = \sum_{i=1}^{n} \left(\sum_{k=1}^{s} \lambda_k \frac{\partial f_k}{\partial \boldsymbol{r}_i} \right) \cdot \delta \boldsymbol{r}_i = 0 \tag{1-30}$$

将式(1-15)与式(1-30)相减,得

$$\sum_{i=1}^{n} \left(\boldsymbol{F}_i - m_i \ddot{\boldsymbol{r}}_i - \sum_{k=1}^{s} \lambda_k \frac{\partial f_k}{\partial \boldsymbol{r}_i} \right) \cdot \delta \boldsymbol{r}_i = 0$$

在 $3n$ 个质点坐标中,独立坐标有 $3n-s$ 个。对于 s 个不独立的坐标变分,我们可以选取适当的 λ_k,使得变分前的系数为零;而此时独立坐标变分前的系数也应等于零,从而有

$$\boldsymbol{F}_i - m_i \ddot{\boldsymbol{r}}_i - \sum_{k=1}^{s} \lambda_k \frac{\partial f_k}{\partial \boldsymbol{r}_i} = \boldsymbol{0} \qquad (i = 1, 2, \cdots, n) \tag{1-31}$$

这就是带拉格朗日乘子的质点系动力学方程,又称为第一类拉格朗日方程。方程中共有 $3n+s$ 个未知量,故须与方程式(1-3)联立求解。

若将式(1-31)与质点系统的达朗贝尔原理相对比,不难看出含拉格朗日乘子项 $-\sum_{k=1}^{s} \lambda_k \frac{\partial f_k}{\partial \boldsymbol{r}_i}$ 对应于 s 个约束作用于系统内各质点上的约束力。

例1-12 仍以例1-7为例,该问题也可以用第一类拉格朗日方程来求解。取系统为研究对象,建立坐标系,如图1-9所示。设质点 M_1 的坐标为 x_1、y_1,质点 M_2 的坐标为 x_2、y_2,则系统的约束方程为

$$f_1 = y_1 = 0, \quad f_2 = (x_1 - x_2)^2 + (y_1 - y_2)^2 - l^2 = 0 \tag{a}$$

约束方程对各质点坐标的梯度项为

$$\frac{\partial f_1}{\partial \boldsymbol{r}_1} = \boldsymbol{j}, \quad \frac{\partial f_1}{\partial \boldsymbol{r}_2} = \boldsymbol{0} \tag{b}$$

$$\frac{\partial f_2}{\partial \boldsymbol{r}_1} = 2(x_1 - x_2)\boldsymbol{i} + 2(y_1 - y_2)\boldsymbol{j}, \quad \frac{\partial f_2}{\partial \boldsymbol{r}_2} = -[2(x_1 - x_2)\boldsymbol{i} + 2(y_1 - y_2)\boldsymbol{j}] \tag{c}$$

作用在各质点上的主动力为

$$\boldsymbol{F}_1 = m_1 g \boldsymbol{j}, \quad \boldsymbol{F}_2 = m_2 g \boldsymbol{j} \tag{d}$$

将式(b)、式(c)和式(d)代入式(1-31),得

$$\left.\begin{aligned}
m_1 \ddot{x}_1 + 2\lambda_2(x_1 - x_2) &= 0 \\
m_1 \ddot{y}_1 + \lambda_1 + 2\lambda_2(y_1 - y_2) - m_1 g &= 0 \\
m_2 \ddot{x}_2 - 2\lambda_2(x_1 - x_2) &= 0 \\
m_2 \ddot{y}_2 - 2\lambda_2(y_1 - y_2) - m_2 g &= 0
\end{aligned}\right\} \tag{e}$$

将式(a)两边对时间 t 求二阶导数,得

$$\left.\begin{aligned}
\ddot{y}_1 &= 0 \\
(x_1 - x_2)(\ddot{x}_1 - \ddot{x}_2) + (\dot{x}_1 - \dot{x}_2)^2 + (y_1 - y_2)(\ddot{y}_1 - \ddot{y}_2) + (\dot{y}_1 - \dot{y}_2)^2 &= 0
\end{aligned}\right\} \tag{f}$$

与式(e)联立,消去 λ_1、λ_2,得到系统的运动微分方程为

$$\left.\begin{aligned}
m_1 \ddot{x}_1 + m_2 \ddot{x}_2 &= 0 \\
\ddot{y}_1 &= 0 \\
\frac{y_1 - y_2}{x_1 - x_2} m_1 \ddot{x}_1 + m_2 \ddot{y}_2 - m_2 g &= 0 \\
(x_1 - x_2)(\ddot{x}_1 - \ddot{x}_2) + (\dot{x}_1 - \dot{x}_2)^2 + (y_1 - y_2)(\ddot{y}_1 - \ddot{y}_2) + (\dot{y}_1 - \dot{y}_2)^2 &= 0
\end{aligned}\right\} \tag{g}$$

而

$$\left.\begin{aligned}
\lambda_1 &= m_1 g + m_2 g - m_1 \ddot{y}_1 - m_2 \ddot{y}_2 \\
\lambda_2 &= \frac{m_2 \ddot{x}_2}{2(x_1 - x_2)}
\end{aligned}\right\} \tag{h}$$

与矢量力学的动力学方程相对照,可知 $-\lambda_1$ 是光滑接触面的约束力,$2\lambda_2 l$ 是二力杆 $M_1 M_2$ 的内力。

不同于拉格朗日第二类方程只适用于广义坐标变分独立的完整系统,采用拉格朗日乘子法也可以求解具有非完整约束的动力学问题,因而拉格朗日乘子法具有更为普遍的应用性。这里以线性非完整系统为例,考虑由 n 个质点组成的系统受 s 个完整双侧约束和 p 个非完整双侧约束作用,完整双侧约束方程由式(1-3)给出,而非完整双侧约束方程可写成如下形式:

$$\sum_{i=1}^{n} (A_{ki}^1 \dot{x}_i + A_{ki}^2 \dot{y}_i + A_{ki}^3 \dot{z}_i) + A_k^0 = 0 \quad (k = 1, 2, \cdots, p) \tag{1-32}$$

由式(1-3)可以确定系统的一组广义坐标为

$$q_1, q_2, \cdots, q_N$$

其中 $N=3n-s$。给定广义坐标的一组虚位移 $\delta q_j(j=1,2,\cdots,N)$，将式(1-5)代入式(1-32)，整理可得

$$\sum_{j=1}^{N} B_{kj}\delta q_j = 0 \quad (k=1,2,\cdots,p) \tag{1-33}$$

引入广义力[式(1-7)]，并将广义惯性力用动能的导数来表示[式(1-21)]，则动力学普遍方程可以写为

$$\sum_{j=1}^{N}\left[Q_j - \frac{\mathrm{d}}{\mathrm{d}t}\left(\frac{\partial T}{\partial \dot{q}_j}\right) + \frac{\partial T}{\partial q_j}\right]\delta q_j = 0 \tag{1-34}$$

注意此时各广义虚位移需满足式(1-33)，故不再彼此独立，因而也不能推得式(1-16)。为此引入拉格朗日乘子 $\lambda_k(k=1,2,\cdots,p)$，将式(1-33)两端乘以 λ_k，并对 k 求和后代入式(1-34)，得到

$$\sum_{j=1}^{N}\left[Q_j - \frac{\mathrm{d}}{\mathrm{d}t}\left(\frac{\partial T}{\partial \dot{q}_j}\right) + \frac{\partial T}{\partial q_j} + \sum_{k=1}^{p}\lambda_k B_{kj}\right]\delta q_j = 0 \tag{1-35}$$

这里独立坐标数为 $N-p$ 个，对于 p 个不独立的广义虚位移，可以选取适当的待定乘子 λ_k，使得变分前的系数等于零，而此时独立虚位移前的系数也应等于零，从而有

$$\frac{\mathrm{d}}{\mathrm{d}t}\left(\frac{\partial T}{\partial \dot{q}_j}\right) - \frac{\partial T}{\partial q_j} = Q_j + \sum_{k=1}^{p}\lambda_k B_{kj} \quad (j=1,2,\cdots,N) \tag{1-36}$$

方程中共有 $N+p$ 个变量，需与约束方程式(1-32)联立求解。此方程为费勒斯(Ferrers M)于 1873 年，劳斯(Routh E J)于 1884 年导出，通常也称其为劳斯方程，该方程与拉格朗日第一类方程统称为拉格朗日乘子法。方程右边含拉格朗日乘子的附加项可以理解为与广义坐标 q_j 对应的由非完整约束力所构成的广义力。

对于完整系统，使用广义坐标描述的拉格朗日第二类方程具有形式简洁的特点。但当约束方程形式较为复杂时，系统动能用独立的广义坐标计算并不是很方便。对于此类完整系统可选择使用拉格朗日第一类方程，引入约束乘子来取代将式(1-4)代入动能表达式后的复杂推导。

例 1-13　如图 1-14 所示的平面四连杆机构位于水平面内。均质杆 OA、AB 和 BC 的长度分别为 L_1、L_2 和 L_3，质量分别为 m_1、m_2 和 m_3，OC 长度为 d。杆 OA 受力偶 M 的作用。试用拉格朗日乘子法建立该平面四连杆机构的运动微分方程。

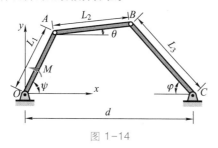

图 1-14

选择角度 ψ、θ 和 φ 作为广义坐标,利用杆 OA、AB 和 BC 沿 x、y 轴方向的投影列出广义坐标的约束方程,即

$$\left.\begin{array}{l} L_1\cos\psi+L_2\cos\theta+L_3\cos\varphi=d \\ L_1\sin\psi+L_2\sin\theta-L_3\sin\varphi=0 \end{array}\right\} \tag{a}$$

对约束方程式(a)各项取变分,导出

$$\left.\begin{array}{l} L_1\sin\psi\delta\psi+L_2\sin\theta\delta\theta+L_3\sin\varphi\delta\varphi=0 \\ L_1\cos\psi\delta\psi+L_2\cos\theta\delta\theta-L_3\cos\varphi\delta\varphi=0 \end{array}\right\} \tag{b}$$

从而与式(1-32)相同,得到约束方程的系数为

$$\left.\begin{array}{lll} B_{11}=L_1\sin\psi, & B_{12}=L_2\sin\theta, & B_{13}=L_3\sin\varphi \\ B_{21}=L_1\cos\psi, & B_{22}=L_2\cos\theta, & B_{23}=-L_3\cos\varphi \end{array}\right\} \tag{c}$$

平面四连杆机构的动能由三根杆的动能之和组成,它们分别为

$$\left.\begin{array}{l} T_{OA}=\dfrac{1}{6}m_1L_1^2\dot{\psi}^2 \\[2mm] T_{AB}=\dfrac{1}{2}m_2\left[L_1^2\dot{\psi}^2+\dfrac{1}{4}L_2^2\dot{\theta}^2+L_1L_2\dot{\psi}\dot{\theta}\cos(\psi-\theta)\right]+\dfrac{1}{24}m_2L_2^2\dot{\theta}^2 \\[2mm] T_{BC}=\dfrac{1}{6}m_3L_3^2\dot{\varphi}^2 \end{array}\right\} \tag{d}$$

平面四连杆机构的动能为

$$T=T_{OA}+T_{AB}+T_{BC} \tag{e}$$

力矩 M 的虚功为

$$\delta W=M\delta\psi \tag{f}$$

得与广义坐标 ψ、θ、φ 对应的广义力分别为

$$Q_1=M, \quad Q_2=0, \quad Q_3=0 \tag{g}$$

在拉格朗日第一类方程式(1-35)中,令 $q_1=\psi, q_2=\theta, q_3=\varphi$,并将平面四连杆机构的动能式(e),广义力式(g)和约束方程的系数式(c)代入式(1-36),得到系统的运动微分方程为

$$\left.\begin{array}{l} \dfrac{1}{3}(m_1+3m_2)L_1\ddot{\psi}+\dfrac{1}{2}m_2L_2\ddot{\theta}\cos(\psi-\theta)+\dfrac{1}{2}m_2L_2\dot{\theta}^2\sin(\psi-\theta)=\dfrac{M}{L_1}+\lambda_1\sin\psi+\lambda_2\cos\psi \\[3mm] \dfrac{1}{2}m_2L_1\ddot{\psi}\cos(\psi-\theta)+\dfrac{1}{3}m_2L_2\ddot{\theta}-\dfrac{1}{2}m_2L_1\dot{\psi}^2\sin(\psi-\theta)=\lambda_1\sin\theta+\lambda_2\cos\theta \\[3mm] \dfrac{1}{3}m_3L_3\ddot{\varphi}=\lambda_1\sin\varphi-\lambda_2\cos\varphi \end{array}\right\} \tag{h}$$

运动微分方程式(h)可与约束方程式(a)联立求解。

令杆的长度为 $L_1=2$ m,$L_2=\sqrt{3}$ m,$L_3=3$ m,质量分别为 $m_1=2$ kg,$m_2=\sqrt{3}$ kg,$m_3=3$ kg。作用在杆 OA 上的驱动力矩 $M=6\sin(5t+\pi/6)$,式中,M 以 N·m 计,t 以 s 计。图 1-15 至图 1-17 分别给出了角 ψ、θ、φ 及其角速度和角加速度随时间变化曲线。

图 1-18a 和图 1-18b 分别给出了拉格朗日乘子 λ_1 和 λ_2 随时间变化曲线。

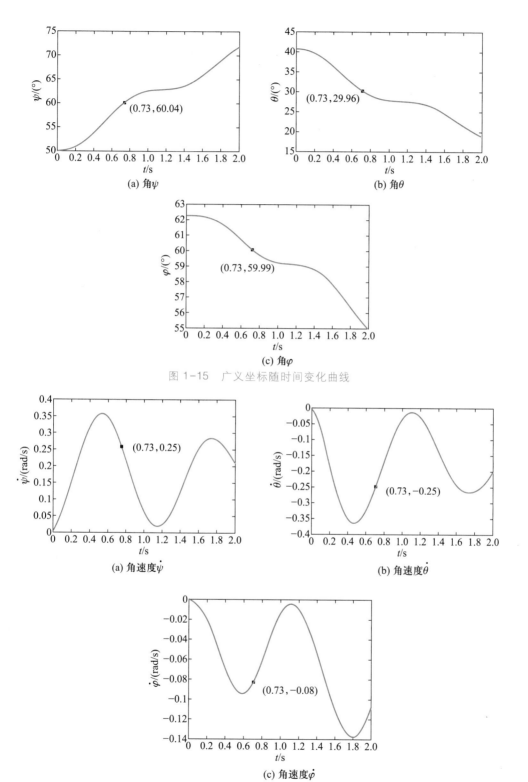

图 1-15 广义坐标随时间变化曲线

图 1-16 角速度随时间变化曲线

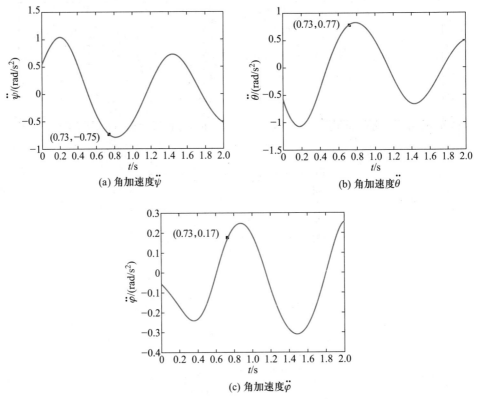

(a) 角加速度$\ddot{\psi}$

(b) 角加速度$\ddot{\theta}$

(c) 角加速度$\ddot{\varphi}$

图 1-17 角加速度随时间变化曲线

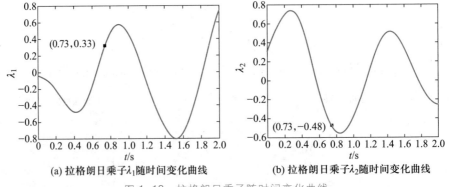

(a) 拉格朗日乘子λ_1随时间变化曲线

(b) 拉格朗日乘子λ_2随时间变化曲线

图 1-18 拉格朗日乘子随时间变化曲线

由图 1-15a 可知,当 $t \approx 0.73$ s 时角 $\psi \approx 60°$,根据图 1-16a 和图 1-17a 分别得到对应角 ψ 的角速度大小为 $\dot{\psi} \approx 0.25$ rad/s,方向与角 ψ 增加的方向相同;角加速度大小为 $\ddot{\psi} \approx 0.75$ rad/s^2,方向与角 ψ 增加的方向相反。读者可运用运动学分析方法求出与之对应的杆 AB 及杆 BC 的角速度和角加速度,并与图 1-16 和图 1-17 的有关结果进行对比。

1-1 试分析图 1-19 所示两个平面机构的自由度数。

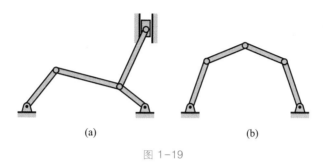

(a)　　　　　　　　　(b)

图 1-19

1-2 广义力都具有力的量纲吗？广义力与广义坐标有什么联系？

1-3 放置在固定半圆柱面上的相同半径的均质半圆柱体和均质半圆柱薄壳,如图 1-20 所示。试分析哪一个能稳定地保持在图示位置。

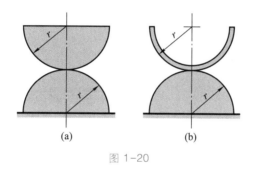

(a)　　　　　　　　　(b)

图 1-20

1-4 动力学普遍方程中应包括内力的虚功吗？

1-5 如所研究的系统中有摩擦力,如何应用动力学普遍方程或拉格朗日方程？

1-6 试用拉格朗日方程推导刚体平面运动的运动微分方程。

1-7 推导第二类拉格朗日方程的过程中,哪一步用到了完整约束的条件？

■ 习　题

习题:第一章
分析力学基础

1-1 图示放大机构中,杆Ⅰ、杆Ⅱ和杆Ⅲ可以分别沿各自滑道运动,A 为铰链,滑块 B 可以在滑槽Ⅳ内滑动。在机构上分别作用有力 F_1、F_2 和 F_3,使机构在图示位置处于平衡状态。已知力 F_1 的大小,$x = y = a/2$,略去各构件自重及摩擦,试求平衡时力 F_2、F_3 与力 F_1 之间应满足的关系。

1-2 图示一质量为 m 的均质板置于圆柱体顶面上,两者之间无相对滑动。试证明:当 $h > 2R$ 时,系统的平衡是不稳定的。

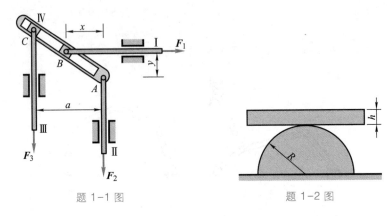

题 1-1 图   题 1-2 图

1-3 弹簧连杆机构如图所示,AB 为均质杆,质量 $m = 10$ kg,长度 $l = 0.6$ m,其余构件的质量不计。不计摩擦,弹簧的刚度系数 $k = 200$ N/m,$\theta = 0$ 时弹簧为原长。试求系统的平衡位置,并分析其稳定性。

1-4 图示为车库大门结构原理图。高为 h 的均质库门 AB 的重量为 P,其上端 A 可沿库顶水平槽滑动,下端 B 与无重杆 OB 铰接,并由弹簧 CB 拉紧,$OB = r$,弹簧原长为 $r-a$。不计各处摩擦,问弹簧的刚度系数 k 为多大才可使库门在关闭位置处($\theta = 0$)不因 B 端有微小位移干扰而自动弹起。

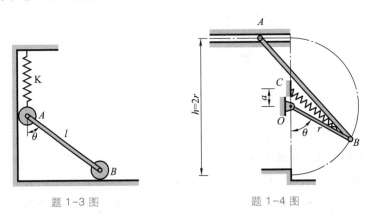

题 1-3 图   题 1-4 图

1-5 应用拉格朗日方程推导图示单摆的运动微分方程,分别以下列参数为广义坐标:(1) 转角 φ;(2) 水平坐标 x;(3) 铅垂坐标 y。

1-6 质量为 m 的小球悬挂在一线上,线的另一端绕在一半径为 R 的固定圆柱体上,如图所示。设在平衡位置时,线的下垂部分长度为 l,不计线的质量,求此摆的运动微分方程。

1-7 在图示行星齿轮机构中,以 O_1 为轴的轮不动,其半径为 r,全机构在同一水平面内。设两动轮皆为均质圆盘,半径为 r,质量为 m。如作用在曲柄 O_1O_2 上的力偶矩为 M,不计曲柄的质量,求曲柄的角加速度。

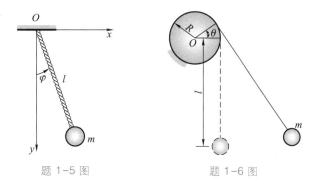

题 1-5 图   题 1-6 图

1-8 图示机构,偏心轮是均质圆盘,其半径为 r,质量为 m,偏心距 $OC = \dfrac{r}{2}$。在外力偶 M 作用下圆盘绕轴 O 转动。刚度系数为 k 的弹簧压着托板 AB,使它保持与偏心轮接触。当角 φ 为零时,弹簧未变形。设托板及其导杆的总质量也是 m,不计摩擦,求圆盘转动的微分方程。又当 $\varphi = 90°$ 时,如 $M = \dfrac{9}{4}kr^2$,这时托板的加速度为多大?

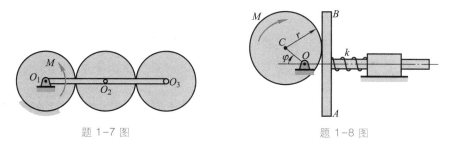

题 1-7 图   题 1-8 图

1-9 已知图示曲线为旋轮线,其方程为

$$x = R(\theta - \sin\theta), \quad y = R(1 - \cos\theta)$$

一小环 M 在重力作用下沿该光滑曲线运动,求小环的运动微分方程。

1-10 图示质量为 m 的质点,受有心力的作用而运动。设 $t = 0$ 时 $\varphi = \varphi_0$ 且 $\dot{\varphi} = 0$,试用拉格朗日方程证明该质点的轨道运动微分方程为

$$h^2 u^2 \left(\frac{\mathrm{d}^2 u}{\mathrm{d}\theta^2} + u \right) = \frac{F(r)}{m} \quad \left(u = \frac{1}{r}, \; h = r^2\dot{\theta} \right)$$

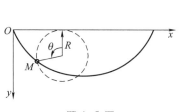 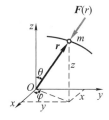

题 1-9 图   题 1-10 图

1-11 图示均质杆 AB 的长度为 l，质量为 m，借助其 A 端的销沿斜面滑下，斜面升角为 θ。不计销的质量和摩擦，求杆 AB 的运动微分方程。又设当 $\varphi=0$ 时杆 AB 由静止开始运动，求开始运动时斜面受到的压力。

1-12 车厢的振动可以简化为支承于两个弹簧上的物体在铅垂面内的振动，如图所示。设支承于弹簧上的车厢质量为 m，相对于质心 C 的转动惯量为 $m\rho^2$，两弹簧的刚度系数分别为 k_1 和 k_2，质心距前后两轮轴的距离分别为 l_1 和 l_2。试列出车厢振动的微分方程。

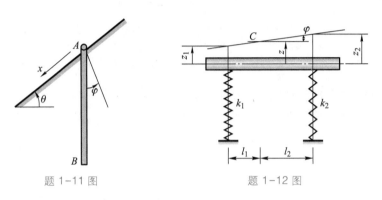

题 1-11 图　　　　　　　题 1-12 图

1-13 如图所示，质量为 m 的质点在一半径为 r 的圆环内运动，圆环对轴 AB 的转动惯量为 J。欲使此圆环在力偶矩为 M 的力偶作用下以匀角速度 ω 绕铅垂轴 AB 转动。求力偶矩 M 和质点 m 的运动微分方程。

1-14 质量为 m_1 的均质杆 OA 的长度为 l，可绕水平轴 O 在铅垂面内转动，其下端有一与基座相连的螺线弹簧，刚度系数为 k，当 $\theta=0$ 时，弹簧无变形。杆 OA 的 A 端装有可自由转动的均质圆盘，盘的质量为 m_2，半径为 r，在盘面上作用有力偶矩为 M 的常力偶。设广义坐标为 φ 和 θ，如图所示。求该系统的运动微分方程。

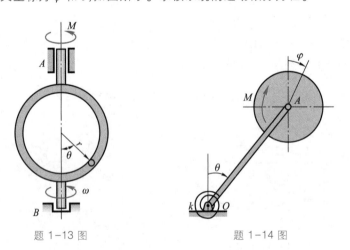

题 1-13 图　　　　　　　题 1-14 图

1-15 在图示系统中，已知：均质圆盘 A 的质量为 m_1，半径为 r，盘缘上固结着一

质量为 m_2 的质点 B，无重杆 OA 长为 b，O、A 均为铰链。试用第二类拉格朗日方程建立系统的运动微分方程，以 φ 和 θ 为广义坐标。

1-16 一力学系统如图所示，质量为 m_1、半径为 r 的均质半圆柱体可在水平面上做无滑动的滚动，其质心 C 与点 O 的距离为 a，对过质心 C 的水平轴的回转半径为 ρ；均质杆 OA 的质量为 m_2，长为 l，用铰链与半圆柱在圆心 O 处连结，系统原静止于平衡位置，使杆 OA 偏离一微小角度然后释放，系统在平衡位置附近做微幅振动。试用第二类拉格朗日方程建立系统的运动微分方程，以圆柱体的偏角 θ 和杆 OA 偏离铅垂位置的角 φ 为广义坐标。

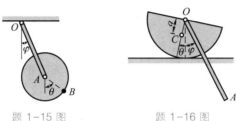

题 1-15 图   题 1-16 图

1-17 图示力学系统由均质圆柱体和平板 DC 组成，圆柱体的质量为 m_1，半径为 R。平板 DC 的质量为 m_2，AD 和 BC 两悬绳相互平行，$AD = BC = l$，圆柱体相对于平板只滚不滑。试用第二类拉格朗日方程求该系统在平衡位置附近做微幅摆动的微分方程，取 φ_1、φ_2 为广义坐标。

1-18 图示绕在圆柱体 A 上的细绳，跨过质量为 m 的均质滑轮 O 与一质量为 m_B 的重物 B 相连。圆柱体的质量为 m_A，半径为 r，对于轴心的回转半径为 ρ。如绳与滑轮之间无滑动，开始时系统静止，问回转半径 ρ 满足什么条件时，物体 B 向上运动。

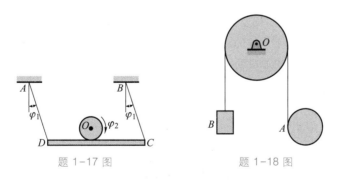

题 1-17 图   题 1-18 图

1-19 图示机构在水平面内绕铅垂轴 O 转动，各轮半径为 $r_1 = r_3 = 3r_2 = 0.3$ m，质量为 $m_1 = m_3 = 9m_2 = 90$ kg，皆可视为均质圆盘。系杆 OA 上的驱动力偶矩为 $M_O = 180$ N·m，轮 1 上的驱动力偶矩为 $M_1 = 150$ N·m，轮 3 上的阻力偶矩为 $M_3 = 120$ N·m。不计系杆 OA 与轮 B 的质量和各处摩擦，求轮 1 和系杆 OA 的角加速度。

1-20 图示车架的轮子都是半径为 R 的均质圆盘，质量分别为 m_1 和 m_2。在轮 2 的中心作用有与水平线成 θ 角的力 F，使轮沿水平面连滚带滑。设地面与轮子间的动

摩擦因数为 f,不计车架 O_1O_2 的质量。试以 x、ψ 和 φ 为广义坐标,建立该系统的运动微分方程,并判断 F 满足什么条件时会使两轮出现又滚又滑的情况。

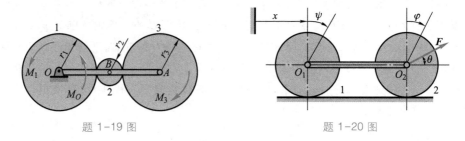

题 1-19 图   题 1-20 图

1-21 图示滑轮对 O 轴的转动惯量为 J,半径为 r,在滑轮上跨过一不可伸长的绳,绳的一端连接在铅垂弹簧上,另一端也与弹簧相连并悬挂一质量为 m 的重物;两弹簧的刚度系数分别为 k_1 和 k_2。设绳与滑轮间无滑动,试建立系统的运动微分方程。

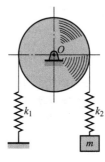

题 1-21 图

1-22 如图所示,均质圆柱体 A 的半径为 R,质量为 m,可沿水平面做纯滚动。在其质心 A 上用铰链悬连了长度为 $l = 2R$、质量为 m 的均质杆 AB。试采用拉格朗日方程,求在水平力 F 作用下系统的运动微分方程。若初瞬时系统静止($\theta = 0$),求力 F 作用瞬间,圆柱体质心 A 的加速度。

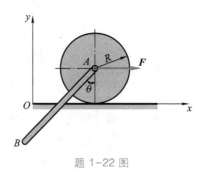

题 1-22 图

1-23 图示三角块 A 可以沿光滑水平面滑动。三角块 A 的光滑斜面上放置一个均质圆柱 B,其上绕有不可伸长的绳索,绳索通过滑轮 C 悬挂一质量为 m 的物块 D,物

块 D 可沿三角块 A 的铅垂光滑槽运动。已知圆柱 B 的质量为 $2m$，三角块 A 的质量为 $3m，\theta=30°$。设开始时系统处于静止状态，滑轮 C 的大小和质量略去不计。试求系统中各物体的运动方程。

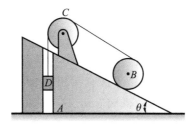

题 1-23 图

1-24 如图所示，均质杆 AB 长为 $2a$，质量为 m，两端可分别沿一光滑框架的铅垂边和水平边滑动。框架以匀角速度 ω 绕铅垂边转动。求杆 AB 相对于框架的平衡位置。

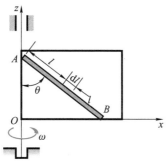

题 1-24 图

第二章
非惯性参考系中的质点动力学

牛顿定律只适用于惯性参考系,不能直接用于非惯性参考系。本章研究的仍然是速度远小于光速的宏观物体的机械运动,这里时间、质量及空间尺度的度量都是绝对的,因此,仍属于古典力学(或称经典力学)的范畴。非惯性参考系中的动力学基本方程也要依靠牛顿定律导出。

本章将建立非惯性参考系中的质点动力学基本方程及动能定理。

§2-1　非惯性参考系中质点动力学的基本方程

在非惯性参考系中质点动力学的基本方程不同于惯性参考系。

设有一质量为 m 的质点 M,相对于非惯性参考系 $O'x'y'z'$ 运动,如图 2-1 所示。点 M 受到力 F 作用,其相对加速度为 a_r。为确定作用力与相对加速度的关系,现选取一惯性参考系 $Oxyz$ 作为定参考系。动参考系 $O'x'y'z'$ 相对于这个定参考系的运动为牵连运动,动点 M 相对于定参考系的运动是绝对运动。在定参考系内,依据牛顿第二定律,有

$$ma_a = F$$

其中,a_a 表示质点的绝对加速度,F 为作用在质点上的合力。

由运动学中点的加速度合成定理知

$$a_a = a_r + a_e + a_C$$

其中,a_e 为质点的牵连加速度,a_C 为质点的科氏加速度。将上式代入前式,得

$$ma_r + ma_e + ma_C = F$$

或

$$ma_r = F - ma_e - ma_C \tag{2-1}$$

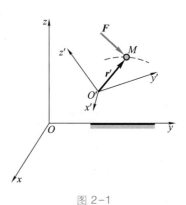

图 2-1

令 $F_{Ie} = -ma_e$,$F_{IC} = -ma_C$,于是式(2-1)可写成与牛顿第二定律相类似的形式,即

$$ma_r = F + F_{Ie} + F_{IC} \tag{2-2}$$

式(2-2)称为非惯性参考系中的质点动力学基本方程,或称为质点相对运动动力学基本方程。其中,F_{Ie} 称为牵连惯性力,F_{IC} 称为科氏惯性力,可以理解为在非惯性参考系中对于牛顿第二定律的修正项。F_{Ie} 和 F_{IC} 都具有力的量纲且与质点的

质量有关,因而称之为惯性力。事实上在非惯性参考系中,牵连惯性力与科氏惯性力是真实存在的,因此式(2-2)在本质上与牛顿第二定律是一致的,只是 $\boldsymbol{F}_{\mathrm{Ie}}$ 与 $\boldsymbol{F}_{\mathrm{IC}}$ 不同于一般的力而已。

在非惯性参考系内,式(2-2)可写成微分方程的形式,即

$$m\,\frac{\mathrm{d}^2\boldsymbol{r}'}{\mathrm{d}t^2} = \boldsymbol{F} + \boldsymbol{F}_{\mathrm{Ie}} + \boldsymbol{F}_{\mathrm{IC}} \qquad (2\text{-}3)$$

其中,$\boldsymbol{r}'$ 表示质点 M 在非惯性参考系中的矢径,$\dfrac{\mathrm{d}^2\boldsymbol{r}'}{\mathrm{d}t^2}$ 是 $\boldsymbol{r}'$ 对时间 t 的二阶相对导数。

式(2-3)称为非惯性参考系中的质点运动微分方程,或称为质点相对运动微分方程。在应用该方程解题时,应取适当的投影式,例如,在直角坐标轴上的投影或自然坐标轴上的投影等。

下面研究几种特殊情况。

(1)当动参考系相对于定参考系做平移时,因科氏加速度 $\boldsymbol{a}_{\mathrm{C}} = \boldsymbol{0}$,则科氏惯性力 $\boldsymbol{F}_{\mathrm{IC}} = \boldsymbol{0}$。于是相对运动动力学基本方程为

$$m\boldsymbol{a}_{\mathrm{r}} = \boldsymbol{F} + \boldsymbol{F}_{\mathrm{Ie}}$$

(2)当动参考系相对于定参考系做匀速直线平移时,因为有 $\boldsymbol{a}_{\mathrm{C}} = \boldsymbol{0}$ 和 $\boldsymbol{a}_{\mathrm{e}} = \boldsymbol{0}$,所以有 $\boldsymbol{F}_{\mathrm{IC}} = \boldsymbol{F}_{\mathrm{Ie}} = \boldsymbol{0}$,于是相对运动动力学基本方程与相对于惯性参考系的基本方程形式一样,即

$$m\boldsymbol{a}_{\mathrm{r}} = \boldsymbol{F}$$

上式说明,对这样的参考系,牛顿定律也是适用的。因此,所有相对于惯性参考系做匀速直线平移的参考系都是惯性参考系。上式中不包含与牵连运动有关的项,这说明,当动参考系做惯性运动时,质点的相对运动不受牵连运动的影响。因此,可以说发生在惯性参考系中的任何力学现象,都无助于发觉该参考系本身的运动情况。以上称为经典力学的相对性原理。

(3)当质点相对于动参考系静止时,即 $\boldsymbol{a}_{\mathrm{r}} = \boldsymbol{0}$,$\boldsymbol{v}_{\mathrm{r}} = \boldsymbol{0}$,因此有 $\boldsymbol{F}_{\mathrm{IC}} = \boldsymbol{0}$。这样,式(2-2)成为

$$\boldsymbol{F} + \boldsymbol{F}_{\mathrm{Ie}} = \boldsymbol{0}$$

上式称为质点相对静止的平衡方程,即当质点在非惯性参考系中保持相对静止时,作用在质点上的力与质点的牵连惯性力相互平衡。

(4)当质点相对于动参考系做等速直线运动时,有 $\boldsymbol{a}_{\mathrm{r}} = \boldsymbol{0}$。这样,式(2-2)成为

$$\boldsymbol{F} + \boldsymbol{F}_{\mathrm{Ie}} + \boldsymbol{F}_{\mathrm{IC}} = \boldsymbol{0}$$

上式称为质点相对平衡方程。可见在非惯性参考系中,质点相对静止和做等速直线运动时,其平衡条件是不相同的。

地球总是在自转,固结在地面上的参考系实质上是非惯性参考系。由于地球自转角速度较小,因此一般工程上可以将其看作惯性参考系。但地球自转的影响

是真实存在的,在许多情况下不可忽略。在地面上物体的重量是地球引力与离心惯性力(地球自转产生的牵连惯性力)的合力,称之为**表观重力**。地面上铅垂线的方向也是表观重力的方向。自由落体甚至不沿表观重力方向下落,这是由于有科氏惯性力的存在。在北半球,河流的右岸受较大的冲刷,铁路的右轨易磨损也是由于科氏惯性力的作用。

在北半球,用球铰链悬挂一支摆,摆锤运动时,由于其科氏惯性力向右,因此,它不会像单摆一样在一个固定平面内摆动,摆锤将会向右方偏斜,其运动轨迹如图 2-2 所示。这种摆是傅科(Foucault J L)于 1851 年发明的,称之为傅科摆,它证明了地球的自转。由图 2-2 可知摆(含摆杆)运动的平面缓慢地顺时针转动。理论计算表明,该平面旋转一周的周期为

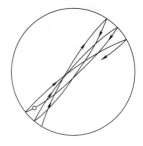

$$\tau = \frac{2\pi}{\omega \sin \varphi}$$

其中,ω 为地球自转角速度,φ 为傅科摆所在地的纬度。在南半球由于科氏惯性力指向运动方向的左侧,因此傅科摆的摆面将沿逆时针方向缓慢转动。

图 2-2

在北半球某地上空大气压强的等压线如图 2-3 所示。其中心部分是低压,外部是高压,则空气将由高压向低压处运动。气体运动时将受到科氏惯性力作用。在北半球科氏惯性力指向运动方向的右侧,因此气体不会做直线运动,而是向右偏斜。所有的气体都这样运动,这就导致在低压处附近形成逆时针方向的气旋。通常北半球的气旋都是逆时针方向,其原因就在于此。那么如果中心是高压,四周是低压,是否会形成顺时针方向的气旋?仅从运动理论看,当然应该形成顺时针方向的气旋,可是由于能量是由中心高压处向周围扩散,因此能量迅速降低,无法形成气旋。而图 2-3 所示的中心低压、四周高压情况,则是能量集中的过程。气旋吸收了四周高压处的能量,因此能量巨大而集中。如台风、龙卷风等,其局部能量巨大,因此风速极高,破坏力极大。

潮汐是一种自然现象,随着人们对潮汐现象的不断观察,对潮汐现象形成的真正原因逐渐有了认识。我国古代就发现潮汐现象与月球有关,直到牛顿发现万有引力后,人们才认识到潮汐现象与太阳和月球的引力有关。

现在主要的观点是在不考虑其他星球的微弱作用下,月球和太阳对海水的引潮力的作用是引起海水涨落的原因。在非惯性参考系下,引潮力是月球的万有引力和与之对应的惯性力,以及太阳的万有引力和与之对应的惯性力四种力的

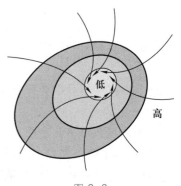

图 2-3

合力。由于地球、月球在不断运动，地球、月球与太阳的相对位置在发生周期性变化，因此引潮力也在发生周期性变化，这就使潮汐现象周期性地发生。一日之内，地球上除南北两极及个别地区外，各处的潮汐均有两次涨落，每次周期为 12 小时 25 分，一日两次，共 24 小时 50 分，所以潮汐涨落的时间每天都要推后 50 分钟。

为了更清晰地解释引起潮汐现象的原因，以月球为例加以说明。如图 2-4 所示，将地球（A）和月球（B）看作质点，各自绕二者的质心 C 做圆周运动，点 D 为海面的近月点，点 E 为海面的远月点。地球上的物体都具有和其质心（A）相同的惯性力，点 D 和点 E 处质量为 m 的水滴的惯性力分别用 $\boldsymbol{F}_{1D}$ 和 $\boldsymbol{F}_{1E}$ 表示，方向如图 2-4 所示，大小可按如下方法计算。

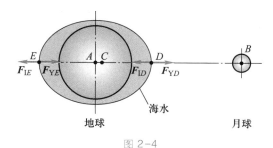

图 2-4

分析地球，在月球的引力作用下有

$$m_A a_A = \frac{G m_A m_B}{r_{AB}^2}$$

式中，m_A 为地球的质量，m_B 为月球的质量，a_A 为地球作为质点的加速度，G 为引力常量。

于是可得地球的加速度为

$$a_A = \frac{G m_B}{r_{AB}^2}$$

则有

$$F_{1D} = F_{1E} = m a_A = \frac{G m m_B}{r_{AB}^2}$$

月球对水滴的引力用 $\boldsymbol{F}_{YD}$ 和 $\boldsymbol{F}_{YE}$ 表示，方向如图 2-4 所示，其大小为

$$F_{YD} = \frac{G m m_B}{(r_{AB} - r_{AD})^2}, \quad F_{YE} = \frac{G m m_B}{(r_{AB} + r_{AE})^2}$$

因此近月点 D 处质量为 m 的水滴所受的引潮力为

$$F_D = F_{YD} - F_{1D} = \frac{G m m_B}{(r_{AB} - r_{AD})^2} - \frac{G m_A m_B}{r_{AB}^2} > 0$$

显然月球引力大于惯性力，D 处海水将向月球方向凸起，引起涨潮。

地球远月点 E 处质量为 m 的水滴所受的引潮力为

$$F_E = F_{YE} - F_{IE} = \frac{Gmm_B}{(r_{AB} + r_{AE})^2} - \frac{Gm_A m_B}{r_{AB}^2} < 0$$

在这个位置月球引力小于惯性力，E 处海水将背向月球方向凸起，引起涨潮。

通过上面的分析可以发现，如果单纯地认为潮汐现象是由于月球的引力而产生的话，远月点的海水是不会出现涨潮现象的，只有将非惯性参考系的惯性力引入后才能合理地解释这一自然现象。

当然，太阳与地球之间的相互作用如同地球与月球之间的相互作用（月球潮汐现象）一样，也会产生太阳潮汐现象，但太阳潮汐现象要小很多。月球潮汐现象产生的力约为太阳潮汐现象产生的力的 2.15 倍。这两个潮汐现象产生的力的合成是矢量相加，当太阳、地球和月球共线时（无论是同侧还是异侧）就会产生大潮，其潮高是月球单独作用产生潮高的约 1.465 倍。当太阳、地球和月球成直角时，潮高仅为月球单独作用产生潮高的约 53.5%。大、小潮高之比约为 2.7。

通过以上分析可知，在非惯性参考系中，牵连惯性力与科氏惯性力是真实存在的，因此在非惯性参考系中动力学基本方程必须含有 F_{Ie} 与 F_{IC}。但如果我们从惯性参考系去观察，会认为质点并没有受到惯性力作用。

例 2-1 试利用非惯性参考系质点动力学基本方程求解例 1-8。

解：在悬挂点 O 上固结一平移参考系 $Ox'y'$，如图 2-5 所示，小球相对于此动参考系的运动相当于悬挂点固定的单摆振动。

作用在小球上的力有重力 $P = mg$、绳子张力 F，此外，还应加入牵连惯性力 F_{Ie}（$F_{Ie} = -ma_0$）。因为动参考系做平移，所以科氏惯性力 $F_{IC} = 0$。建立相对运动动力学基本方程：

$$ma_r = F + P + F_{Ie}$$

将上式投影到轨迹的切向轴上，得

$$m\frac{d^2 s}{dt^2} = -(P + F_{Ie})\sin\varphi = -m(g + a_0)\sin\varphi$$

当摆做微幅振动时，φ 角很小，有 $\sin\varphi \approx \varphi$，且 $s = l\varphi$，上式成为

$$ml\frac{d^2\varphi}{dt^2} = -m(g + a_0)\varphi$$

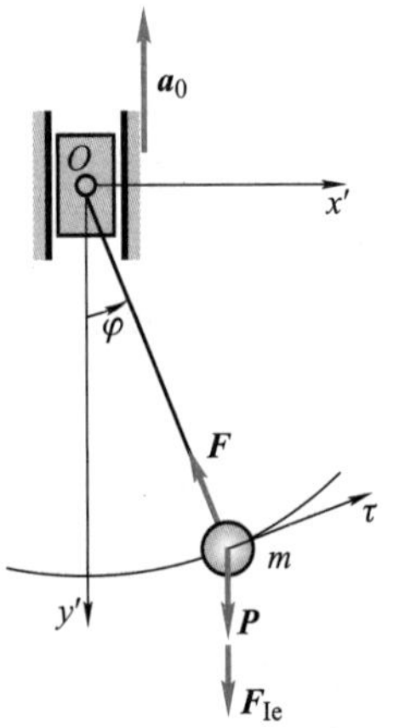

令 $\omega_0^2 = \dfrac{g + a_0}{l}$，则上式可写成自由振动微分方程的标准形式，即

$$\frac{d^2\varphi}{dt^2} + \omega_0^2 \varphi = 0$$

其解的形式为 $\varphi = A\sin(\omega_0 t + \theta)$，而振动周期为

$$\tau = \frac{2\pi}{\omega_0} = 2\pi\sqrt{\frac{l}{g + a_0}}$$

动画
例 2-1

图 2-5

例 2-2 如图 2-6 所示，一直杆 OA 的长度 $l = 0.5$ m，可绕过端点 O 的 z' 轴在水平面内做匀速转动，其转动角速度 $\omega = 2\pi$ rad/s，在杆 OA 上有一质量为 $m = 0.1$ kg 的套筒 B。设开始运动时，套筒 B 在杆 OA 的中点处于相对静止。忽略摩擦，求套筒 B 运动到端点 A 所需要的时间及此时

对杆 OA 的水平压力。

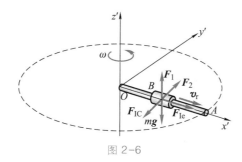

图 2-6

解：研究套筒 B 相对于杆 OA 的运动，选取和杆 OA 一起转动的坐标系 $Ox'y'z'$ 为动参考系。

作用在套筒 B 上的力有重力 $m\boldsymbol{g}$、铅垂约束力 $\boldsymbol{F}_1$ 和水平约束力 $\boldsymbol{F}_2$，根据质点相对运动动力学理论，还应加入牵连惯性力 $\boldsymbol{F}_{\mathrm{Ie}}$ 和科氏惯性力 $\boldsymbol{F}_{\mathrm{IC}}$。因为动参考系做匀速转动，所以牵连惯性力 $\boldsymbol{F}_{\mathrm{Ie}}$ 只有径向分量，其方向沿直杆 OA 向外，其大小为 $F_{\mathrm{Ie}}=m\omega^2 x'$。而科氏惯性力 $\boldsymbol{F}_{\mathrm{IC}}$ 应垂直于相对速度 $\boldsymbol{v}_{\mathrm{r}}$，其大小为 $F_{\mathrm{IC}}=2m\omega\,\dot{x}'$，方向如图所示。

建立相对运动微分方程：

$$m\,\frac{\mathrm{d}^2\boldsymbol{r}'}{\mathrm{d}t^2}=m\boldsymbol{g}+\boldsymbol{F}_1+\boldsymbol{F}_2+\boldsymbol{F}_{\mathrm{Ie}}+\boldsymbol{F}_{\mathrm{IC}} \qquad\qquad (\mathrm{a})$$

将上式投影到 x' 轴上得

$$m\,\ddot{x}'=mx'\omega^2$$

令 $v_{\mathrm{r}}=\dot{x}'$，上式消去 m 为

$$\frac{\mathrm{d}v_{\mathrm{r}}}{\mathrm{d}t}=\frac{\mathrm{d}v_{\mathrm{r}}}{\mathrm{d}x'}\frac{\mathrm{d}x'}{\mathrm{d}t}=\omega^2 x'$$

注意 $\dfrac{\mathrm{d}x'}{\mathrm{d}t}=v_{\mathrm{r}}$，上式分离变量并积分，即

$$\int_0^{v_{\mathrm{r}}} v_{\mathrm{r}}\mathrm{d}v_{\mathrm{r}}=\int_{\frac{l}{2}}^{x'}\omega^2 x'\mathrm{d}x'$$

得

$$\frac{1}{2}v_{\mathrm{r}}^2=\frac{1}{2}\omega^2\left(x'^2-\frac{l^2}{4}\right)$$

或

$$v_{\mathrm{r}}=\frac{\mathrm{d}x'}{\mathrm{d}t}=\omega\sqrt{x'^2-\frac{l^2}{4}} \qquad\qquad (\mathrm{b})$$

上式再分离变量并积分，即

$$\int_{\frac{l}{2}}^{l}\frac{\mathrm{d}x'}{\sqrt{x'^2-\dfrac{l^2}{4}}}=\int_0^t\omega\mathrm{d}t$$

求得套筒 B 到达端点 A 的时间 t 为

$$t=\frac{1}{\omega}\ln\frac{l+\sqrt{l^2-\dfrac{l^2}{4}}}{\dfrac{l}{2}}=\frac{1}{\omega}\ln\left(2+\sqrt{3}\right)$$

将 $\omega = 2\pi$ rad/s 代入上式,解出

$$t = 0.2096 \text{ s}$$

将式(a)投影到 y' 轴上得

$$F_2 = F_{IC} = 2m\omega\dot{x}' \qquad\qquad (c)$$

当套筒 B 到达端点 A 时, $x' = l$,由式(b)可得

$$v_r = \dot{x}' = \omega\sqrt{l^2 - \frac{l^2}{4}} = \frac{\omega}{2}\sqrt{3}\,l$$

代入式(c),得

$$F_2 = \sqrt{3}\,\omega^2 lm = \sqrt{3}\,(2\pi \text{ rad/s})^2 \times 0.5 \text{ m} \times 0.1 \text{ kg} = 3.419 \text{ N}$$

又对于惯性参考系,套筒 B 运动的基本方程为

$$ma_a = mg + F_1 + F_2 \qquad\qquad (d)$$

其中,绝对加速度 $a_a = a_e + a_r + a_C$。注意到 a_e、a_r 均沿杆 OA 方向,而 a_C 与 F_{IC} 方向相反,则式(d)沿 y' 轴的投影式与式(c)相同,显然应得到同样的水平约束力。由于 mg 与 F_1 等值而反向,水平约束力 F_2 就是使套筒得到绝对加速度 a_a 的力。

例 2-3 在地球表面北纬角 φ 处,以初速度 v_0 铅垂上抛一质量为 m 的质点 M。由于地球自转的影响,求质点 M 回到地球表面的落点与上抛点的偏离距离。

解: 以上抛点为坐标原点,选取固定于地球的非惯性参考系为 $O'x'y'z'$,其中 z' 轴铅垂向上,近似通过地球中心,x' 轴水平向东,y' 轴水平向北,如图 2-7 所示。

不计空气阻力,质点 M 受到地球引力 F 作用。分析质点相对于转动的地球的运动时,应再加上牵连惯性力 F_{Ie} 和科氏惯性力 F_{IC}。其中地球引力 F 与牵连惯性力 F_{Ie} 之和就是物体在地球表面表现出的重力 P,即

$$P = F + F_{Ie} = mg$$

而科氏惯性力为

$$F_{IC} = -ma_C = -2m\boldsymbol{\omega} \times \boldsymbol{v}_r$$

其中,$\boldsymbol{\omega}$ 为地球自转角速度矢量,如图 2-7 所示;$\boldsymbol{v}_r$ 为相对速度,可写为

$$\boldsymbol{v}_r = \dot{x}'\boldsymbol{i}' + \dot{y}'\boldsymbol{j}' + \dot{z}'\boldsymbol{k}'$$

而 $\boldsymbol{i}'$、$\boldsymbol{j}'$、$\boldsymbol{k}'$ 为 x'、y'、z' 轴的轴向单位矢量。F_{IC} 的矢量积可展开为

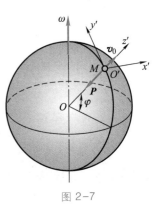

图 2-7

$$F_{IC} = -2m\begin{vmatrix} \boldsymbol{i}' & \boldsymbol{j}' & \boldsymbol{k}' \\ 0 & \omega\cos\varphi & \omega\sin\varphi \\ \dot{x}' & \dot{y}' & \dot{z}' \end{vmatrix}$$

$$= 2m\omega\left[(\dot{y}'\sin\varphi - \dot{z}'\cos\varphi)\boldsymbol{i}' - \dot{x}'\sin\varphi\,\boldsymbol{j}' + \dot{x}'\cos\varphi\,\boldsymbol{k}'\right] \qquad (a)$$

列出质点相对于地球的运动微分方程:

$$ma_r = F + F_{Ie} + F_{IC} = mg - 2m\boldsymbol{\omega} \times \boldsymbol{v}_r$$

$\boldsymbol{g}$ 沿 z' 轴向下,在地球表面附近为常值。消去质量 m,引用式(a),上式沿 x'、y'、z' 轴的投影式为

$$\left.\begin{array}{l} \ddot{x}' = 2\omega \dot{y}' \sin\varphi - 2\omega \dot{z}' \cos\varphi \\ \ddot{y}' = -2\omega \dot{x}' \sin\varphi \\ \ddot{z}' = -g + 2\omega \dot{x}' \cos\varphi \end{array}\right\} \tag{b}$$

对此微分方程组,可以采用逐次渐近的方法求解。

由于地球自转角速度 ω 很小,最初级的近似计算中,可取 $\omega = 0$,则式(b)的零次近似方程为

$$\ddot{x}' = 0, \quad \ddot{y}' = 0, \quad \ddot{z}' = -g \tag{c}$$

此题的运动初始条件为,当 $t = 0$ 时

$$\left.\begin{array}{l} \dot{x}' = 0, \quad \dot{y}' = 0, \quad \dot{z}' = v_0 \\ x' = 0, \quad y' = 0, \quad z' = 0 \end{array}\right\} \tag{d}$$

在此条件下,式(c)积分一次,得质点零次近似的速度为

$$\dot{x}' = 0, \quad \dot{y}' = 0, \quad \dot{z}' = -gt + v_0 \tag{e}$$

将上式代入式(b),得一次近似的微分方程为

$$\ddot{x}' = 2\omega(gt - v_0)\cos\varphi, \quad \ddot{y}' = 0, \quad \ddot{z}' = -g \tag{f}$$

在式(d)的初始条件下,上式积分一次,得一次近似的速度为

$$\dot{x}' = \omega(gt^2 - 2v_0 t)\cos\varphi, \quad \dot{y}' = 0, \quad \dot{z}' = -gt + v_0 \tag{g}$$

再积分一次,得一次近似的上抛质点运动方程为

$$x' = \left(\frac{1}{3}gt^3 - v_0 t^2\right)\omega\cos\varphi, \quad y' = 0, \quad z' = v_0 t - \frac{1}{2}gt^2 \tag{h}$$

当质点 M 回落到原上抛点高度时,$z' = 0$,代入上式,可得质点经历的时间为

$$t = \frac{2v_0}{g}$$

将此 t 值代入式(h)的第一式,得

$$x' = \left(\frac{1}{3}g \frac{8v_0^3}{g^3} - v_0 \frac{4v_0^2}{g^2}\right)\omega\cos\varphi = -\frac{4}{3}\frac{v_0^3}{g^2}\omega\cos\varphi$$

x' 为负值,表明上抛质点落地时,其落点偏西。

如将式(g)代入式(b),可得二次近似的质点运动微分方程,在式(d)的初始条件下,再积分,可得二次近似的质点速度及运动方程(读者可自作)。

如果质点在高 h 处无初速自由落下,其相对运动微分方程仍为式(b)。注意此时 $v_0 = 0$,其零次近似的速度式(e)改为

$$\dot{x}' = 0, \quad \dot{y}' = 0, \quad \dot{z}' = -gt$$

以始落点为原点,其一次近似的质点运动方程式(h)改为

$$x' = \frac{1}{3}\omega gt^3\cos\varphi, \quad y' = 0, \quad z' = -\frac{1}{2}gt^2 \tag{i}$$

当下落高度 h 时,$z' = -h$,经历的时间为

$$t = \sqrt{\frac{2h}{g}}$$

以此 t 值代入式(i)的第一式,得 x' 方向偏移距离为

$$x' = \frac{2\omega h\cos\varphi}{3}\sqrt{\frac{2h}{g}}$$

此时 x' 为正值,偏移向东。这就是地球上的落体偏东现象。

此题中,质点上抛与下落都受到科氏惯性力的影响而偏离铅垂线。无初速度下落时,科氏惯性力始终沿 x' 轴正方向,使落体向东偏移,此现象称为落体偏东。而以初速度上抛时,上升过程中科氏惯性力沿 x' 轴负方向,使上升质点向西偏移并有向西方向的速度分量。当质点回落时,科氏惯性力沿 x' 轴正方向,逐步减小质点向西的速度分量。由一次近似式(h)可见,当质点回落到原上抛点的高度时,$z'=0$,$t=2v_0/g$。而当 $t \le 2v_0/g$ 时,由式(g)可见,质点沿 x' 轴的速度分量 $\dot{x}' \le 0$,即皆有向西的速度分量。因此,由上抛点起又回到原上抛点高度的过程中,质点一直向西偏移。

§2-2 非惯性参考系中质点的动能定理

在惯性参考系中我们已经推导出动能定理,但它只适用于惯性参考系。在非惯性参考系中,由于质点的运动微分方程中含有惯性力,因此要重新推导动能定理。

质点的相对运动动力学基本方程为

$$m \frac{\mathrm{d}\boldsymbol{v}_r}{\mathrm{d}t} = \boldsymbol{F} + \boldsymbol{F}_{Ie} + \boldsymbol{F}_{IC}$$

式中,$\boldsymbol{F}_{Ie} = -m\boldsymbol{a}_e$,$\boldsymbol{F}_{IC} = -m\boldsymbol{a}_C = -2m\boldsymbol{\omega} \times \boldsymbol{v}_r$ 分别为质点的牵连惯性力和科氏惯性力;$\boldsymbol{a}_e$、$\boldsymbol{a}_C$ 分别为牵连加速度和科氏加速度;$\boldsymbol{\omega}$、$\boldsymbol{v}_r$ 分别为非惯性参考系的角速度矢量和质点相对于此动参考系的速度;$\dfrac{\mathrm{d}\boldsymbol{v}_r}{\mathrm{d}t}$ 是 $\boldsymbol{v}_r$ 对时间 t 的相对导数。上式两端点乘相对位移 $\mathrm{d}\boldsymbol{r}'$,则有

$$m \frac{\mathrm{d}\boldsymbol{v}_r}{\mathrm{d}t} \cdot \mathrm{d}\boldsymbol{r}' = \boldsymbol{F} \cdot \mathrm{d}\boldsymbol{r}' + \boldsymbol{F}_{Ie} \cdot \mathrm{d}\boldsymbol{r}' + \boldsymbol{F}_{IC} \cdot \mathrm{d}\boldsymbol{r}'$$

注意到 $\boldsymbol{v}_r = \dfrac{\mathrm{d}\boldsymbol{r}'}{\mathrm{d}t}$,且科氏惯性力 $\boldsymbol{F}_{IC}$ 垂直于相对速度 $\boldsymbol{v}_r$,有 $\boldsymbol{F}_{IC} \cdot \mathrm{d}\boldsymbol{r}' = 0$,则上式成为

$$m\boldsymbol{v}_r \cdot \mathrm{d}\boldsymbol{v}_r = \boldsymbol{F} \cdot \mathrm{d}\boldsymbol{r}' + \boldsymbol{F}_{Ie} \cdot \mathrm{d}\boldsymbol{r}'$$

若以 $\delta W'_F$ 和 $\delta W'_{Ie}$ 分别表示力 $\boldsymbol{F}$ 和牵连惯性力 $\boldsymbol{F}_{Ie}$ 在质点的相对位移上的元功,则有

$$\mathrm{d}\left(\frac{1}{2}mv_r^2\right) = \delta W'_F + \delta W'_{Ie} \tag{2-4}$$

式(2-4)称为质点相对运动动能定理的微分形式,即质点在非惯性参考系中相对动能的增量,等于作用于质点上的力与牵连惯性力在相对运动中所做的元功之和。

积分上式,得

$$\frac{1}{2}mv_r^2 - \frac{1}{2}mv_{r0}^2 = W'_F + W'_{Ie} \tag{2-5}$$

方程式(2-5)表示:**质点在非惯性参考系中相对动能的变化,等于作用在质点上的力与牵连惯性力在相对路程上所做的功之和。这一规律称为质点相对运动动能定理的积分形式。应该强调指出:科氏惯性力始终垂直于相对速度v_r,所以在相对运动中不做功。**

例 2-4 一平板与水平面成 θ 角,平板上有一质量为 m 的小球,如图 2-8 所示。若不计摩擦等阻力,问平板以多大加速度向右平移时,小球能保持相对静止?若平板又以这个加速度的两倍向右平移时,小球应沿平板向上运动。问小球沿平板走了距离 l 后,小球的相对速度是多少?

动画
例 2-4

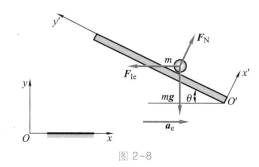

图 2-8

解:(1) 在平板上固结一动参考系 $O'x'y'$,小球受的力有重力 mg、平板的约束力 F_N。小球的牵连惯性力大小为 $F_{Ie}=ma_e$,方向与平板向右做平移的加速度 a_e 的方向相反,如图所示。因为动参考系做平移,所以没有科氏惯性力,小球相对静止,方程为

$$\sum F_{x'}=0,\quad F_N-mg\cos\theta-F_{Ie}\sin\theta=0$$

$$\sum F_{y'}=0,\quad -mg\sin\theta+F_{Ie}\cos\theta=0$$

从中解出

$$mg\sin\theta=F_{Ie}\cos\theta=ma_e\cos\theta$$

得

$$a_e=g\tan\theta$$

(2) 当加速度 $a_e=2g\tan\theta$ 时,牵连惯性力 $F_{Ie}=2mg\tan\theta$,应用相对运动动能定理,有

$$\frac{m}{2}v_r^2-0=(F_{Ie}\cos\theta)l-(mg\sin\theta)l$$

整理后得

$$\frac{m}{2}v_r^2=mgl\sin\theta$$

解得

$$v_r=\sqrt{2gl\sin\theta}$$

例 2-5 半径为 R 的环形管,绕铅垂轴 z 以匀角速度 ω 转动,如图 2-9 所示。管内有一质量为 m 的小球,原在最低处平衡。小球受微小扰动时可能会沿环形管上升。忽略管壁摩擦,求小球能达到的最大偏角 $\varphi_{\max}$。

解:以环形管为动参考系,小球在任一角度 φ 时,其牵连惯性力的大小为 $F_{Ie}=m\omega^2R\sin\varphi$,

§2-2 非惯性参考系中质点的动能定理   **45**

方向如图所示。经过微小角度 $d\varphi$ 时,此牵连惯性力做功为

$$\delta W_1 = F_{1e}Rd\varphi\cos\varphi = m\omega^2R^2\sin\varphi\cos\varphi d\varphi$$

小球在最低处和最大偏角处的相对速度都等于零。列出此两个位置间的相对运动动能定理,得

$$0-0 = -mgR(1-\cos\varphi_{max}) +$$
$$\int_0^{\varphi_{max}} m\omega^2R^2\sin\varphi\cos\varphi d\varphi$$

完成积分,可得

$$mgR(\cos\varphi_{max}-1) + \frac{1}{2}m\omega^2R^2\sin^2\varphi_{max} = 0$$

因 $\sin^2\varphi_{max} = 1-\cos^2\varphi_{max}$,上式成为

$$mgR(\cos\varphi_{max}-1) + \frac{1}{2}m\omega^2R^2(1-\cos^2\varphi_{max}) = 0$$

或

$$\omega^2R\cos^2\varphi_{max}-2g\cos\varphi_{max}+2g-\omega^2R = 0$$

解出

$$\cos\varphi_{max} = \frac{g\pm(\omega^2R-g)}{\omega^2R}$$

其中一解为对应于小球在最低处的情况,即

$$\cos\varphi_{max} = \frac{g+(\omega^2R-g)}{\omega^2R} = 1$$

另一解为

$$\cos\varphi_{max} = \frac{g-(\omega^2R-g)}{\omega^2R} = \frac{2g}{\omega^2R} - 1$$

解得

$$\varphi_{max} = \arccos\left(\frac{2g}{\omega^2R} - 1\right)$$

可以看出,上述结果只在 $\omega^2R \geq g$ 时才有意义,此时有 $\cos\varphi_{max} \leq 1$;而当 $\omega^2R < g$ 时,小球不会沿环形管上升,而在最低处才是稳定的。

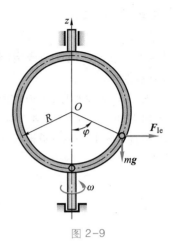

图 2-9

思考题

2-1 根据相对运动动力学基本方程,小球在变速运动的车厢中自由降落时受有牵连惯性力,飞机在高空飞行时受有科氏惯性力。试分析这两个惯性力的反作用力作用在哪?牛顿第三定律对它们成立吗?

2-2 圆盘以匀角速度 ω 绕铅垂轴转动,离盘心为 r 的地方安装着一根直管,此管与圆盘一起转动,管中有一物体沿管运动,则此物体受到哪些惯性力作用?

2-3 在质点相对运动中,下述哪些说法是正确的?

（1）若 $a_r = 0, v_r = 0$,则必有 $F + F_{1e} = 0$;

（2）若 $\boldsymbol{F}+\boldsymbol{F}_{\mathrm{Ie}}=\mathbf{0}$，则必有 $\boldsymbol{a}_{\mathrm{r}}=\mathbf{0}$，$\boldsymbol{v}_{\mathrm{r}}=\mathbf{0}$。

2-4 某人水平抛出一个球，如果考虑科氏惯性力，则在下述情况下，由抛球的人来看，球的路径会偏向不考虑科氏惯性力时路径的右侧还是左侧？

（1）在北半球水平抛出；

（2）在南半球水平抛出；

（3）在南极和北极水平抛出。

2-5 对于生活在地面上的人来说（把地表坐标系作为惯性参考系），是否受到惯性力作用？惯性力是真实的还是虚加的？处于失重状态的人能感受到地球引力吗？对处于失重状态的人来说惯性力是不是真实的？

习 题

习题：第二章
非惯性参考系中的质点动力学

2-1 图示单摆 AB 长为 l，已知点 A 在固定点 O 的附近沿水平做微幅简谐振动：$OO_1 = a\sin pt$，其中 a 与 p 为常数。设初瞬时摆静止，求摆的相对运动规律。

2-2 三棱柱 A 沿三棱柱 B 的光滑斜面滑动，如图所示。三棱柱 A 和三棱柱 B 的质量分别为 m_1 与 m_2，三棱柱 B 的斜面与水平面成 θ 角，如开始时物系静止，求运动时三棱柱 B 的加速度。摩擦略去不计。

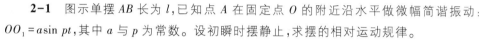

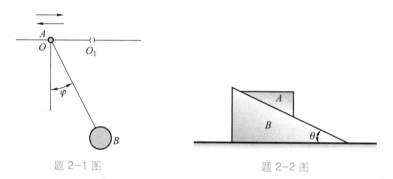

题 2-1 图　　　　　　　　题 2-2 图

2-3 图示为一倾斜式摆动筛。如曲柄的长度远小于连杆的长度，则筛面的运动可近似视为沿 x 轴做往复运动，即 $x = r\sin\omega t$，r 为曲柄 OA 的长度，ω 为曲柄的角速度。已知物料颗粒与筛面间的摩擦角为 φ，筛面倾斜角为 θ。试求不能通过筛孔的颗粒能自动沿筛面下滑时的曲柄转速 n。

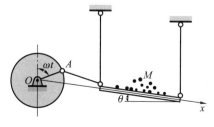

题 2-3 图

2-4 质点 M 的质量为 m，被限制在旋转容器内沿光滑的经线 AOB 运动，如图所示。旋转容器绕其几何轴 Oz 以角速度 ω 匀速转动。求质点 M 相对静止时的位置。

2-5 图示一离心分离机，鼓室半径为 R、高为 h，以匀角速度 ω 绕 Oy 轴转动。当鼓室无盖时，为使被分离的液体不致溢出，求：(1) 鼓室旋转时，在 Oxy 平面内液面所形成的曲线形状；(2) 注入液体的最大高度 h'。

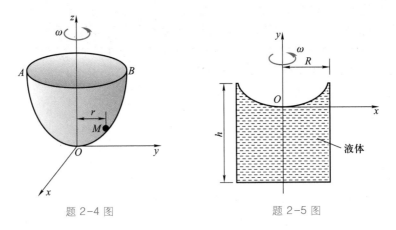

题 2-4 图   题 2-5 图

2-6 图示质量为 m 的小球 M 放在半径为 r 的光滑圆管内，并可沿圆管滑动。如圆管在水平面内以匀角速度 ω 绕圆管上某定点 A 转动，试求小球沿圆管运动的运动微分方程。

2-7 滑块 M 的质量为 2 kg，在力 $\boldsymbol{F}$ 作用下沿杆 AB 运动，杆 AB 又在铅垂平面内绕 A 轴转动。已知 $\varphi = 0.5t$，$s = t$（φ、s、t 分别以 rad、m、s 计），滑块与杆 AB 之间的动摩擦因数为 0.1，求 $t = 2$ s 时力 $\boldsymbol{F}$ 的大小。

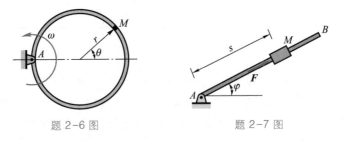

题 2-6 图   题 2-7 图

2-8 质点 M 的质量为 m，在光滑的水平圆盘面上沿弦 AB 滑动，圆盘以匀角速度 ω 绕铅垂轴 C 转动，如图所示。如质点被两根弹簧系住，弹簧的刚度系数均为 $\dfrac{k}{2}$，求质点的自由振动周期。设点 O 为质点相对平衡的位置。

2-9 为减弱发动机的扭振，在图示曲轴上的点 C 加装一单摆 CA。该摆质量为 m，$CA = l$，$OC = a$，曲轴以匀角速度 ω 绕 O 轴转动时，此单摆可做微幅摆动，忽略重力，求此单摆的振动频率。

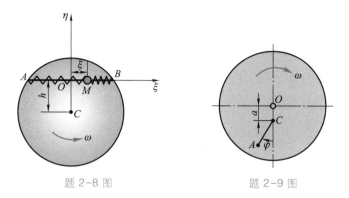

题 2-8 图　　　　　　　　　　　题 2-9 图

2-10　车厢以匀加速度 a 水平运行,在其顶部挂一质量为 m、摆长为 l 的单摆,求单摆相对车厢静止时的角度 θ、绳的张力 F 和微小振动周期 τ。

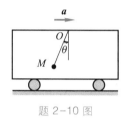

题 2-10 图

2-11　一河流自北向南流动,在北纬 30°处,河面宽为 500 m,流速为 5 m/s,问东西两岸的水面高度相差多少? 提示:水面应垂直于重力和科氏惯性力矢量和的方向。地球自转角速度 $\omega = 7.29 \times 10^{-5}$ rad/s。

2-12　图示光滑直管 AB,长为 l,在光滑水平面内以匀角速度 ω 绕铅直轴 Oz 转动,另有一小球在管内做相对运动。初瞬时小球在 B 端,相对速度为 v_{r0},指向固定端 A,问 v_{r0} 应为多少,小球才能到达 A 端。

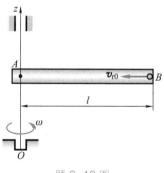

题 2-12 图

2-13　如图所示,绕铅垂轴 AB 以匀角速度 ω 转动的圆形导管内有一光滑的小球

M。小球重为 P，可以看作质点。设 $\omega = \sqrt{\dfrac{4g}{3R}}$，$R$ 为圆形导管的半径。求小球从最高点无初速度地运动到 $\theta = 60°$ 时相对于圆形导管的速度。

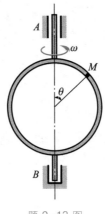

题 2-13 图

第三章
碰撞

两个或两个以上相对运动的物体在瞬间接触,速度发生突然改变的力学现象称为碰撞。锤锻、打桩、各种球类活动中球的弹射与反跳、火车车厢挂钩的联接等都是碰撞的实例。飞机着陆、飞船对接与溅落中也有碰撞问题。碰撞是工程与日常生活中一种常见而又非常复杂的动力学问题,本章在一定的简化条件下,讨论两个物体间的碰撞过程中的一些基本规律。

§3-1 碰撞的分类·碰撞问题的简化

1. 碰撞的分类

设两物体发生碰撞,如图 3-1 所示,其中 AA 表示两物体在接触处的公切面,BB 为其在接触处的公法线,F_1、F_2 为碰撞时两物体的相互作用力,称为碰撞力。若碰撞力的作用线通过两物体的质心,称为对心碰撞,否则称为偏心碰撞;若碰撞时两物体各自质心的速度均沿着公法线,则称为正碰撞,否则称为斜碰撞。按此分类还有对心正碰撞、偏心正碰撞等,图 3-1a 所示为对心正碰撞。

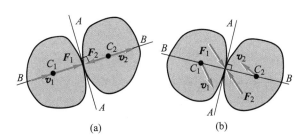

(a)　　　　　　(b)

图 3-1

两物体相碰撞时,按其接触处有无摩擦,还可分为光滑碰撞与非光滑碰撞。

两物体相碰撞时,按物体碰撞后变形的恢复程度(或能量有无损失),可分为完全弹性碰撞、弹性碰撞与塑性碰撞。

2. 对碰撞问题的两点简化

碰撞现象的特点是,碰撞时间极短(一般为 $10^{-4} \sim 10^{-3}$ s),速度变化为有限值,加速度变化相当巨大,碰撞力极大。例如,一锤头重为 30 N,以速度 $v_1 = 3$ m/s 打在钉子上,测得碰撞时间为 0.002 s,锤头反弹速度为 $v_2 = 0.5$ m/s,为简化计算起见,设碰撞过程为匀减速运动,可得碰撞力为 3 856 N,碰撞力约为锤头重量的 128 倍。此为平均值,若测得其最大峰值,碰撞力会更大。又如,鸟与飞行中的飞机相撞而形成所谓的"鸟祸"时,碰撞力甚至可达鸟重的 2 万倍。

由于碰撞时碰撞力极大而碰撞时间极短,在研究一般的碰撞问题时,通常做如下两点简化:

(1) 在碰撞过程中,由于碰撞力非常大,重力、弹性力等在碰撞过程中保持不变的普通力远远不能与之相比,因此这些普通力的冲量忽略不计;

(2) 由于碰撞过程非常短促,碰撞过程中,速度变化为有限值,物体在碰撞开始和碰撞结束时的位置变化很小,因此在碰撞过程中,物体的位移忽略不计。

§3-2 用于碰撞过程的基本定理

由于碰撞过程时间短而碰撞力的变化规律很复杂,因此不宜直接用力来度量碰撞的作用,也不宜用运动微分方程描述每一瞬时力与运动变化的关系,常用的分析方法是只分析碰撞前、后运动的变化。

同时,碰撞将使物体变形、发声、发热,甚至发光,因此碰撞过程中几乎都有机械能的损失。机械能损失的程度取决于碰撞物体的材料性质及其他复杂的因素,难以用力的功来计算,因而,碰撞过程中一般不便于应用动能定理。因此,一般采用动量定理和动量矩定理的积分形式来确定力的作用与运动变化的关系。

1. 用于碰撞过程的动量定理——冲量定理

设质点的质量为 m,碰撞过程开始瞬时的速度为 $\boldsymbol{v}$,结束时的速度为 $\boldsymbol{v}'$,则质点的动量定理为

$$m\boldsymbol{v}'-m\boldsymbol{v}=\int_0^t \boldsymbol{F}\mathrm{d}t=\boldsymbol{I} \tag{3-1}$$

式中,$\boldsymbol{I}$ 为碰撞冲量,普通力的冲量忽略不计。

对于碰撞的质点系,作用在第 i 个质点上的碰撞冲量可分为外碰撞冲量 $\boldsymbol{I}_i^{(\mathrm{e})}$ 和内碰撞冲量 $\boldsymbol{I}_i^{(\mathrm{i})}$,按照上式有

$$m_i\boldsymbol{v}_i'-m_i\boldsymbol{v}_i=\boldsymbol{I}_i^{(\mathrm{e})}+\boldsymbol{I}_i^{(\mathrm{i})}$$

设质点系有 n 个质点,对于每个质点都可列出如上的方程,将 n 个方程相加,得

$$\sum_{i=1}^n m_i\boldsymbol{v}_i'-\sum_{i=1}^n m_i\boldsymbol{v}_i=\sum_{i=1}^n \boldsymbol{I}_i^{(\mathrm{e})}+\sum_{i=1}^n \boldsymbol{I}_i^{(\mathrm{i})}$$

因为内碰撞冲量总是大小相等,方向相反,成对地存在,因此 $\sum \boldsymbol{I}_i^{(\mathrm{i})}=\boldsymbol{0}$,于是得

$$\sum_{i=1}^n m_i\boldsymbol{v}_i'-\sum_{i=1}^n m_i\boldsymbol{v}_i=\sum_{i=1}^n \boldsymbol{I}_i^{(\mathrm{e})} \tag{3-2}$$

式(3-2)是用于碰撞过程的质点系动量定理,在形式上,它与用于非碰撞过程的动量定理一样,但式(3-2)中不计普通力的冲量,因此又称为冲量定理:质点系在碰撞开始和结束时动量的变化,等于作用于质点系的外碰撞冲量的主矢。

质点系的动量可用总质量 m 与质心速度的乘积计算,于是式(3-2)可写成

$$m\boldsymbol{v}'_c - m\boldsymbol{v}_c = \sum \boldsymbol{I}_i^{(e)} \tag{3-3}$$

式中,$\boldsymbol{v}_c$ 和 $\boldsymbol{v}'_c$ 分别是碰撞开始和结束时质心的速度。

2. 用于碰撞过程的动量矩定理——冲量矩定理

质点系动量矩定理的一般表达式为微分形式,即

$$\frac{\mathrm{d}}{\mathrm{d}t}\boldsymbol{L}_O = \sum_{i=1}^n \boldsymbol{M}_O(\boldsymbol{F}_i^{(e)}) = \sum_{i=1}^n (\boldsymbol{r}_i \times \boldsymbol{F}_i^{(e)})$$

式中,$\boldsymbol{L}_O$ 为质点系对于定点 O 的动量矩矢,$\sum_{i=1}^n (\boldsymbol{r}_i \times \boldsymbol{F}_i^{(e)})$ 为作用于质点系的外力对点 O 的主矩。

上式可写成

$$\mathrm{d}\boldsymbol{L}_O = \sum_{i=1}^n (\boldsymbol{r}_i \times \boldsymbol{F}_i^{(e)})\,\mathrm{d}t = \sum_{i=1}^n (\boldsymbol{r}_i \times \mathrm{d}\boldsymbol{I}_i^{(e)})$$

对上式积分,得

$$\int_{\boldsymbol{L}_{O1}}^{\boldsymbol{L}_{O2}} \mathrm{d}\boldsymbol{L}_O = \sum_{i=1}^n \int_0^t (\boldsymbol{r}_i \times \mathrm{d}\boldsymbol{I}_i^{(e)})$$

或

$$\boldsymbol{L}_{O2} - \boldsymbol{L}_{O1} = \sum_{i=1}^n \int_0^t (\boldsymbol{r}_i \times \mathrm{d}\boldsymbol{I}_i^{(e)})$$

一般情况下,上式中 $\boldsymbol{r}_i$ 是未知的变量,上式难以积分。但在碰撞过程中,按基本假设,各质点的位置都是不变的,因此碰撞力作用点的矢径 $\boldsymbol{r}_i$ 是个常矢量,于是有

$$\boldsymbol{L}_{O2} - \boldsymbol{L}_{O1} = \sum_{i=1}^n \boldsymbol{r}_i \times \int_0^t \mathrm{d}\boldsymbol{I}_i^{(e)}$$

或

$$\boldsymbol{L}_{O2} - \boldsymbol{L}_{O1} = \sum_{i=1}^n (\boldsymbol{r}_i \times \boldsymbol{I}_i^{(e)}) = \sum_{i=1}^n \boldsymbol{M}_O(\boldsymbol{I}_i^{(e)}) \tag{3-4}$$

式中,$\boldsymbol{L}_{O1}$ 和 $\boldsymbol{L}_{O2}$ 分别是碰撞开始和结束时质点系对点 O 的动量矩矢,$\boldsymbol{I}_i^{(e)}$ 是外碰撞冲量,称 $\boldsymbol{r}_i \times \boldsymbol{I}_i^{(e)}$ 为冲量矩,其中不计普通力的冲量矩。式(3-4)是用于碰撞过程的动量矩定理,又称为冲量矩定理:质点系在碰撞开始和结束时对点 O 的动量矩的变化,等于作用于质点系的外碰撞冲量对同一点的主矩。

3. 刚体平面运动的碰撞方程(用于刚体平面运动碰撞过程中的基本定理)

质点系对质心的动量矩定理与对固定点的动量矩定理具有相同的形式。与此

推证相似,可以得到用于碰撞过程的质点系对质心的动量矩定理

$$L_{C2}-L_{C1} = \sum M_C(I_i^{(e)}) \tag{3-5}$$

式中,L_{C1} 和 L_{C2} 为碰撞前、后质点系对质心 C 的动量矩,右端项为外碰撞冲量对质心之矩的矢量和(对质心的主矩)。

对于平行于其质量对称面运动的平面运动刚体,对质心的动量矩在其平行平面内可视为代数量,且有

$$L_C = J_C \omega$$

式中,J_C 为刚体对于通过质心 C 且与其对称平面垂直的轴的转动惯量,ω 为刚体的角速度。由此,式(3-5)可写为

$$J_C \omega_2 - J_C \omega_1 = \sum M_C(I_i^{(e)}) \tag{3-6}$$

式中,ω_1、ω_2 分别为平面运动刚体碰撞前、后的角速度。上式中不计普通力的冲量矩。

式(3-6)与式(3-3)结合起来,可用来分析平面运动刚体的碰撞问题,称为刚体平面运动的碰撞方程。

§3-3　质点对固定面的碰撞·恢复因数

动画
小球正碰撞

设一小球铅垂地落到固定的平面上,如图 3-2 所示,此为正碰撞。碰撞开始时,质心速度为 v,由于受到固定面的碰撞冲量的作用,质心速度逐渐减小,物体变形逐渐增大,直至速度等于零为止。此后弹性变形逐渐恢复,物体质心获得反向的速度。当小球离开固定面的瞬时,质心速度为 v',这时碰撞结束。

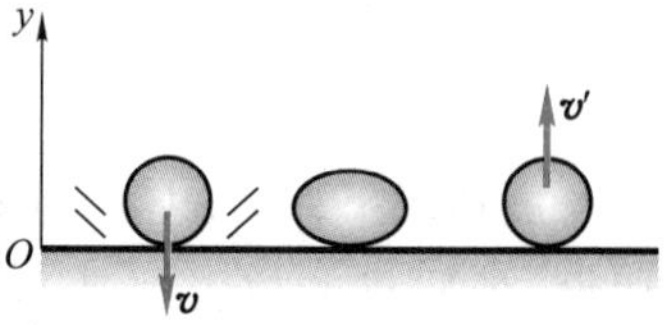

上述碰撞过程分为两个阶段,在第一阶段中,物体的动能减小到零,变形增加,设在此阶段的碰撞冲量为 I_1,则应用冲量定理在 y 轴的投影式,有

$$0-(-mv) = I_1$$

图 3-2

在第二阶段中,弹性变形逐渐恢复,动能逐渐增大,设在此阶段的碰撞冲量为 I_2,则应用冲量定理在 y 轴的投影式,有

$$mv'-0 = I_2$$

于是得

$$\frac{v'}{v} = \frac{I_2}{I_1} \tag{3-7}$$

由于在碰撞过程中,总要出现发热、发声,甚至发光等物理现象,许多材料经过碰撞后总保留或多或少的残余变形,因此,在一般情况下,物体将损失动能,或者说物体在碰撞结束时的速度 v' 小于碰撞开始时的速度 v。

牛顿在研究正碰撞的规律时发现,对于材料确定的物体,碰撞结束与碰撞开始

的速度大小的比值几乎是不变的,即

$$\frac{v'}{v} = e \tag{3-8}$$

常数 e 恒取正值,称为恢复因数。

恢复因数需用实验测定。用待测恢复因数的材料做成小球和质量很大的平板。将平板固定,令小球自高 h_1 处自由落下,与固定平板碰撞后,小球返跳,记下达到最高点的高度 h_2,如图 3-3 所示。

小球与平板接触的瞬时是碰撞开始的时刻,小球的速度为

$$v = \sqrt{2gh_1}$$

小球离开平板的瞬时是碰撞结束的时刻,小球的速度为

$$v' = \sqrt{2gh_2}$$

于是得恢复因数为

$$e = \frac{v'}{v} = \sqrt{\frac{h_2}{h_1}}$$

几种材料的恢复因数见表 3-1。

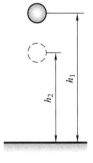

动画
正碰撞
恢复因数

图 3-3

表 3-1　几种材料的恢复因数

碰撞物体的材料	铁对铅	木对胶木	木对木	钢对钢	象牙对象牙	玻璃对玻璃
恢复因数	0.14	0.26	0.50	0.56	0.89	0.94

恢复因数表示物体在碰撞后速度恢复的程度,也表示物体变形恢复的程度,并且反映出碰撞过程中机械能损失的程度。对于各种实际的材料,均有 $0 < e < 1$,由这些材料做成的物体发生碰撞,称为弹性碰撞。物体在弹性碰撞结束时,变形不能完全恢复,动能有损失。

$e = 1$ 为理想情况,物体在碰撞结束时,变形完全恢复,动能没有损失,这种碰撞称为完全弹性碰撞。

$e = 0$ 是极限情况,在碰撞结束时,物体的变形丝毫没有恢复,这种碰撞称为非弹性碰撞或塑性碰撞。

由式(3-7)和式(3-8)有

$$e = \frac{v'}{v} = \frac{I_2}{I_1}$$

即恢复因数又等于正碰撞的两个阶段中作用于物体的碰撞冲量大小的比值。

如果小球与固定面碰撞,碰撞开始瞬时的速度 $\boldsymbol{v}$ 与接触点法线的夹角为 θ,碰撞结束时返跳速度 $\boldsymbol{v}'$ 与法线的夹角为 β,如图 3-4 所示,此为

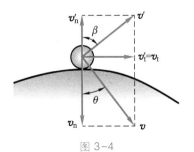

动画
斜碰撞
恢复因数

图 3-4

斜碰撞。设不计摩擦,两物体只在法线方向发生碰撞,此时定义恢复因数为

$$e = \left| \frac{v'_n}{v_n} \right|$$

式中,v'_n 和 v_n 分别是速度 $\boldsymbol{v}'$ 和 $\boldsymbol{v}$ 在法线方向的投影。

由于不计摩擦,$\boldsymbol{v}'$ 和 $\boldsymbol{v}$ 在切线方向的投影相等,由图可见

$$|v'_n| \tan \beta = |v_n| \tan \theta$$

于是,有

$$e = \left| \frac{v'_n}{v_n} \right| = \frac{\tan \theta}{\tan \beta}$$

对于实际材料有 $e<1$,由上式可见,当碰撞物体表面光滑时,应有 $\beta>\theta$。

在不考虑摩擦的一般情况下,碰撞前后的两个物体都在运动,此时恢复因数定义为

$$e = \left| \frac{v'^n_r}{v^n_r} \right| \tag{3-9}$$

式中,v'^n_r 和 v^n_r 分别为碰撞后和碰撞前两物体接触点沿接触面法线方向的相对速度。

§3-4　碰撞问题举例

应用动量定理和动量矩定理的积分形式,并用恢复因数建立补充方程,可以分析碰撞前后物体运动变化与其受力之间的关系。下面举例说明。

例 3-1　两物体的质量分别为 m_1 和 m_2,恢复因数为 e,发生对心正碰撞,如图 3-1a 所示。求碰撞结束时各自质心的速度和碰撞过程中动能的损失。

解:两物体能碰撞的条件是 $v_1>v_2$,取两物体为研究的质点系,因无外碰撞冲量,质点系动量守恒。设碰撞结束时,两物体质心的速度分别为 v'_1 和 v'_2,由冲量定理,取 BB 直线为投影轴,有

$$m_1 v_1 + m_2 v_2 = m_1 v'_1 + m_2 v'_2 \tag{a}$$

由恢复因数定义,由式(3-9),有

$$e = \frac{v'_2 - v'_1}{v_1 - v_2} \tag{b}$$

联立式(a)和式(b)两式,解得

$$\left. \begin{aligned} v'_1 &= v_1 - (1+e) \frac{m_2}{m_1+m_2} (v_1 - v_2) \\ v'_2 &= v_2 + (1+e) \frac{m_1}{m_1+m_2} (v_1 - v_2) \end{aligned} \right\} \tag{c}$$

在理想情况下,$e=1$,有

$$v'_1 = v_1 - \frac{2m_2}{m_1+m_2} (v_1 - v_2), \quad v'_2 = v_2 + \frac{2m_1}{m_1+m_2} (v_1 - v_2)$$

如果 $m_1 = m_2$,则 $v_1' = v_2, v_2' = v_1$,即两物体在碰撞结束时交换了速度。

当两物体发生塑性碰撞时,即 $e = 0$,有

$$v_1' = v_2' = \frac{m_1 v_1 + m_2 v_2}{m_1 + m_2}$$

即碰撞结束时,两物体速度相同,一起运动。

以 T_1 和 T_2 分别表示此两物体组成的质点系在碰撞过程开始和结束时的动能,则有

$$T_1 = \frac{1}{2} m_1 v_1^2 + \frac{1}{2} m_2 v_2^2, \quad T_2 = \frac{1}{2} m_1 v_1'^2 + \frac{1}{2} m_2 v_2'^2$$

在碰撞过程中质点系损失的动能为

$$\Delta T = T_1 - T_2 = \frac{1}{2} m_1 (v_1^2 - v_1'^2) + \frac{1}{2} m_2 (v_2^2 - v_2'^2)$$

$$= \frac{1}{2} m_1 (v_1 - v_1')(v_1 + v_1') + \frac{1}{2} m_2 (v_2 - v_2')(v_2 + v_2')$$

将式(c)代入上式,得两物体在正碰撞过程中损失的动能为

$$\Delta T = T_1 - T_2 = \frac{1}{2}(1 + e)\frac{m_1 m_2}{m_1 + m_2}(v_1 - v_2)\left[(v_1 + v_1') - (v_2 + v_2')\right]$$

由式(b)得

$$v_1' - v_2' = -e(v_1 - v_2)$$

于是,得

$$\Delta T = T_1 - T_2 = \frac{m_1 m_2}{2(m_1 + m_2)}(1 - e^2)(v_1 - v_2)^2 \qquad (\text{d})$$

在理想情况下,$e = 1$,$\Delta T = T_1 - T_2 = 0$。可见,在完全弹性碰撞时,系统动能没有损失,即碰撞开始时的动能等于碰撞结束时的动能。

在塑性碰撞时,$e = 0$,动能损失为

$$\Delta T = T_1 - T_2 = \frac{m_1 m_2}{2(m_1 + m_2)}(v_1 - v_2)^2$$

如果第二个物体在塑性碰撞开始时处于静止,即 $v_2 = 0$,则动能损失为

$$\Delta T = T_1 - T_2 = \frac{m_1 m_2}{2(m_1 + m_2)} v_1^2$$

注意到 $T_1 = \frac{1}{2} m_1 v_1^2$,上式可改写为

$$\Delta T = T_1 - T_2 = \frac{m_2}{m_1 + m_2} T_1 = \frac{1}{\dfrac{m_1}{m_2} + 1} T_1 \qquad (\text{e})$$

可见,在此塑性碰撞过程中损失的动能与两物体的质量比有关。

当 $m_2 \gg m_1$ 时,$\Delta T \approx T_1$,即质点系在碰撞开始时的动能几乎完全损失于碰撞过程中。这种情况对于锻压金属是最理想的,因为我们希望在锻压金属时,锻锤的能量尽量消耗在锻件的变形上,而砧座尽可能不运动。因此在工程中采用比锻锤重很多倍的砧座。

当 $m_2 \ll m_1$ 时,$\Delta T \approx 0$,这种情况对于打桩是最理想的。因为我们希望在碰撞结束时,应使桩

获得较大的动能去克服阻力前进，因此在工程中应取比桩柱重得多的锤打桩。日常生活中用锤子钉钉子也是如此。

例 3-2　图 3-5 所示为一测量子弹速度的装置，称为射击摆，其是一个悬挂于水平轴 O 的填满砂土的筒。当子弹水平射入砂筒后，使砂筒绕 O 轴转过一偏角 φ，测量偏角的大小即可求出子弹的速度。已知射击摆的质量为 m_1，对于 O 轴的转动惯量为 J_O，射击摆的重心 C 到 O 轴的距离为 h。子弹的质量为 m_2，子弹射入砂筒时子弹到 O 轴的距离为 d。悬挂索的重量不计，求子弹的速度。

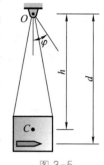

图 3-5

解：以子弹与射击摆组成的质点系为研究对象，子弹射入砂筒直到与砂筒一起运动可近似为碰撞过程。外碰撞冲量对 O 轴的矩等于零，因此碰撞开始时质点系的动量矩 L_{O1} 等于碰撞结束时的动量矩 L_{O2}。

设碰撞开始时子弹速度为 v，则

$$L_{O1} = m_2 dv$$

设碰撞结束时摆的角速度为 ω，则

$$L_{O2} = J_O \omega + m_2 d^2 \omega = (J_O + m_2 d^2)\omega$$

因 $L_{O1} = L_{O2}$，解得

$$v = \frac{J_O + m_2 d^2}{m_2 d}\omega$$

碰撞结束后，射击摆与子弹一起绕 O 轴转过角度 φ，应用动能定理，有

$$0 - \left(\frac{1}{2}J_O \omega^2 + \frac{1}{2}m_2 d^2 \omega^2\right) = -m_1 g(h - h\cos\varphi) - m_2 g(d - d\cos\varphi)$$

即

$$\frac{1}{2}(J_O + m_2 d^2)\omega^2 = (m_1 h + m_2 d)(1 - \cos\varphi)g$$

因 $1 - \cos\varphi = 2\sin^2\dfrac{\varphi}{2}$，代入上式中，解得

$$\omega = \sqrt{\frac{m_1 h + m_2 d}{J_O + m_2 d^2}g} \cdot 2\sin\frac{\varphi}{2}$$

于是得子弹射入砂筒前的速度为

$$v = \frac{2\sin\dfrac{\varphi}{2}}{m_2 d}\sqrt{(J_O + m_2 d^2)(m_1 h + m_2 d)g}$$

例 3-3　均质细杆长为 l，质量为 m，速度 v 平行于杆，杆与地面成 θ 角，斜撞于光滑地面，如图 3-6 所示。如为完全弹性碰撞，求撞后杆的角速度。

解：杆在碰撞过程中做平面运动，$\omega_1 = 0$，由刚体平面运动碰撞方程，有

$$mv'_{Cx} - mv_{Cx} = \sum I_x \tag{a}$$

$$mv'_{Cy} - mv_{Cy} = \sum I_y \tag{b}$$

$$J_C \omega_2 - J_C \omega_1 = \sum M_C(\boldsymbol{I}^{(e)}) \tag{c}$$

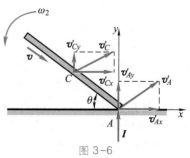

图 3-6

地面光滑,杆只受有 y 轴方向的碰撞冲量 $I,I_x=0$,有

$$v'_{Cx}=v_{Cx}=v\cos\ \theta$$

选质心 C 为基点,有

$$\boldsymbol{v}'_A=\boldsymbol{v}'_C+\boldsymbol{v}'_{AC}$$

沿 y 轴投影,有

$$v'_{Ay}=v'_{Cy}+\frac{l}{2}\cos\ \theta\cdot\omega_2 \tag{d}$$

由恢复因数

$$e=\frac{v'_{Ay}}{v_{Ay}}=\frac{v'_{Ay}}{v\sin\ \theta}=1$$

得

$$v'_{Ay}=v\sin\ \theta$$

代入式(d),得

$$v\sin\ \theta=v'_{Cy}+\frac{l}{2}\omega_2\cos\ \theta \tag{e}$$

由式(b)和式(c)两式得

$$mv'_{Cy}+mv\sin\ \theta=I \tag{f}$$

$$\frac{1}{12}ml^2\omega_2=I\frac{l}{2}\cos\ \theta \tag{g}$$

由式(f)、式(g)消去 I,得

$$v'_{Cy}=\frac{l\omega_2}{6\cos\ \theta}-v\sin\ \theta$$

代入式(e),解得

$$\omega_2=\frac{6v\sin\ 2\theta}{(1+3\cos^2\theta)l}$$

§3-5 碰撞冲量对绕定轴转动刚体的作用·撞击中心

1. 定轴转动刚体受碰撞时角速度的变化

设绕定轴转动的刚体受到外碰撞冲量的作用,如图 3-7 所示。根据冲量矩定理在 z 轴上的投影式,有

$$L_{z2}-L_{z1}=\sum_{i=1}^{n}M_z(\boldsymbol{I}_i^{(e)})$$

式中,L_{z1} 和 L_{z2} 是刚体在碰撞开始和结束时对 z 轴的动量矩。设 ω_1 和 ω_2 分别是这两个瞬时的角速度,J_z 是刚体对于转轴的转动惯量,则上式成为

$$J_z\omega_2-J_z\omega_1=\sum_{i=1}^{n}M_z(\boldsymbol{I}_i^{(e)})$$

角速度的变化为

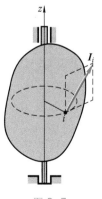

图 3-7

$$\omega_2 - \omega_1 = \frac{\sum M_z(\boldsymbol{I}_i^{(e)})}{J_z} \tag{3-10}$$

2. 支座的反碰撞冲量·撞击中心

绕定轴转动的刚体,如图 3-8 所示,受到外碰撞冲量 $\boldsymbol{I}$ 的作用时,轴承与轴之间将发生碰撞。

设刚体有质量对称平面,且绕垂直于此对称平面的轴转动,并设图示平面图形是刚体的质量对称平面,则刚体的质心 C 必在图面内。

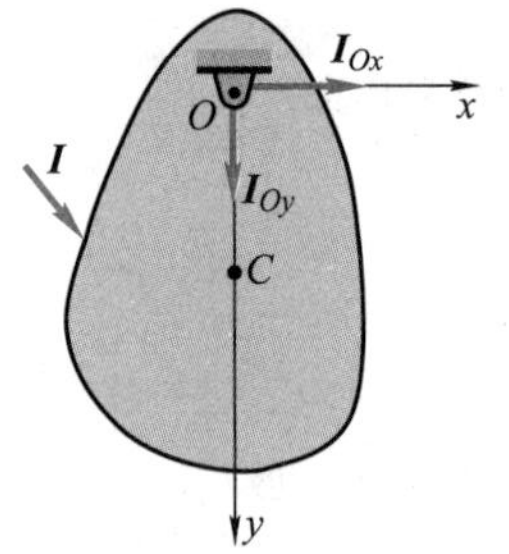

今有外碰撞冲量 $\boldsymbol{I}$ 作用在此对称平面内,求轴承 O 的反碰撞冲量 $\boldsymbol{I}_{Ox}$ 和 $\boldsymbol{I}_{Oy}$。

取 y 轴通过质心 C,x 轴与 y 轴垂直。应用冲量定理,有

$$mv'_{Cx} - mv_{Cx} = I_x + I_{Ox}$$
$$mv'_{Cy} - mv_{Cy} = I_y + I_{Oy}$$

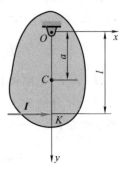

图 3-8

上式中,m 为刚体质量,v_{Cx}、v'_{Cx} 和 v_{Cy}、v'_{Cy} 分别为碰撞前后质心速度沿 x、y 轴的投影。

若图示位置是发生碰撞的位置,且轴承没有被撞坏,则有 $v'_{Cy} = v_{Cy} = 0$,于是,有

$$I_{Ox} = m(v'_{Cx} - v_{Cx}) - I_x, \quad I_{Oy} = -I_y \tag{3-11}$$

由此可见,一般情况下,在轴承处将引起碰撞冲量。

分析式(3-11)可见,若:

(1) $I_y = 0$

(2) $I_x = m(v'_{Cx} - v_{Cx})$

则有

$$I_{Ox} = 0, \quad I_{Oy} = 0$$

这就是说,如果外碰撞冲量 $\boldsymbol{I}$ 作用在物体质量对称平面内,并且满足以上两个条件,则轴承反碰撞冲量等于零,即轴承处不发生碰撞。

由(1),$I_y = 0$,即要求外碰撞冲量与 y 轴垂直,即 $\boldsymbol{I}$ 必须垂直于支点 O 与质心 C 的连线,如图 3-9 所示。

由(2),设质心 C 到 O 轴的距离为 a,则 $I_x = ma(\omega_2 - \omega_1)$,将式(3-10)代入,得

$$ma\frac{Il}{J_z} = I$$

式中,$l = OK$,点 K 是外碰撞冲量 $\boldsymbol{I}$ 的作用线与线 OC 的交点。解得

$$l = \frac{J_z}{ma} \tag{3-12}$$

满足式(3-12)的点 K 称为撞击中心。

图 3-9

于是得结论：当外碰撞冲量作用于物体质量对称平面内的撞击中心，且垂直于轴承中心与质心的连线时，在轴承处不引起碰撞冲量。

根据上述结论，设计材料试验中用的摆式撞击机，使撞击点正好位于摆的撞击中心，这样撞击时就不致在轴承处引起碰撞力。在使用各种锤子锤打东西或打垒球时，若打击的地方正好是锤杆或棒杆的撞击中心，则打击时手上不会感到有冲击。如果打击的地方不是撞击中心，则手会感到强烈的冲击。

例 3-4　均质杆质量为 m，长为 $2a$，其上端由圆柱铰链固定，如图 3-10 所示。杆由水平位置无初速地落下，撞上一固定的物块。设恢复因数为 e，求：(1) 轴承的碰撞冲量；(2) 撞击中心的位置。

解：杆在铅垂位置与物块碰撞，设碰撞开始和结束时，杆的角速度分别为 ω_1 和 ω_2。

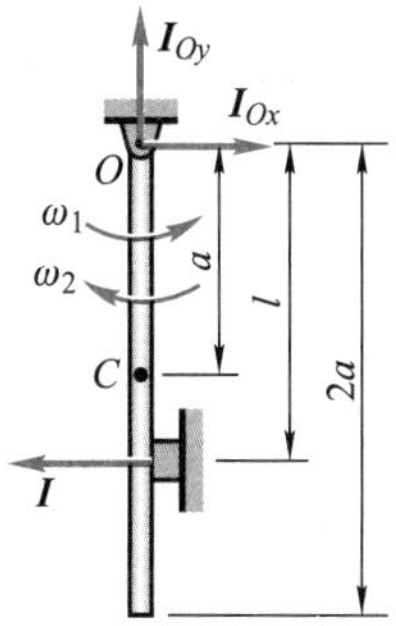

图 3-10

在碰撞前，杆自水平位置自由落下，应用动能定理：

$$\frac{1}{2}J_O\,\omega_1^2-0=mga$$

求得

$$\omega_1=\sqrt{\frac{2mga}{J_O}}=\sqrt{\frac{3g}{2a}}$$

设撞击点碰撞前、后的速度大小分别为 v 和 v'，由恢复因数

$$e=\frac{v'}{v}=\frac{l\omega_2}{l\omega_1}=\frac{\omega_2}{\omega_1}$$

得

$$\omega_2=e\omega_1$$

对点 O 的冲量矩定理为

$$J_O\,\omega_2+J_O\,\omega_1=Il$$

于是碰撞冲量为

$$I=\frac{J_O}{l}(\omega_2+\omega_1)=\frac{4ma^2}{3l}(1+e)\omega_1$$

代入 ω_1 的数值，得

$$I=\frac{2ma}{3l}(1+e)\sqrt{6ag}$$

根据冲量定理，有

$$m(-\omega_2 a-\omega_1 a)=I_{Ox}-I,\quad I_{Oy}=0$$

则

$$\begin{aligned}I_{Ox}&=-ma(\omega_1+\omega_2)+I=I-(1+e)am\omega_1\\&=(1+e)m\left(\frac{2a}{3l}-\frac{1}{2}\right)\sqrt{6ag}\end{aligned}$$

由上式可见，当

$$\frac{2a}{3l} - \frac{1}{2} = 0$$

时，$I_{Ox} = 0$，此时撞于撞击中心，由上式得

$$l = \frac{4a}{3}$$

与式(3-12)的结果相同。

§3-6 用于碰撞过程的拉格朗日方程

碰撞问题同样可以用拉格朗日方程来求解，在求解时也应采用其在时间域上的积分形式。将式(1-22)两端对时间积分，有

$$\int_0^{\Delta t} \frac{\mathrm{d}}{\mathrm{d}t}\left(\frac{\partial T}{\partial \dot{q}_k}\right)\mathrm{d}t - \int_0^{\Delta t} \frac{\partial T}{\partial q_k}\mathrm{d}t = \int_0^{\Delta t} Q_k\mathrm{d}t \tag{3-13}$$

其中，Δt 为碰撞持续时间。由于在碰撞过程中质点系中各质点的速度均为有限值，且位置坐标的变化可以忽略不计，因而当 $\Delta t \to 0$ 时，T 和 $\partial T/\partial q_k$ 均应为有限值，故

$$\int_0^{\Delta t} \frac{\partial T}{\partial q_k}\mathrm{d}t \approx \left(\frac{\partial T}{\partial q_k}\right)_0 \cdot \Delta t \to 0$$

将上式代入式(3-13)，并对时间积分，有

$$\left(\frac{\partial T}{\partial \dot{q}_k}\right)_2 - \left(\frac{\partial T}{\partial \dot{q}_k}\right)_1 = \int_0^{\Delta t} Q_k\mathrm{d}t \tag{3-14}$$

其中，下标"1""2"分别表示碰撞前、后时刻。令

$$I_k = \int_0^{\Delta t} Q_k\mathrm{d}t$$

表示对应于第 k 个广义力的广义冲量，而

$$\frac{\partial T}{\partial \dot{q}_k} = p_k$$

为与第 k 个广义坐标对应的广义动量，则在广义坐标下的动力学方程可以写成

$$p_{k2} - p_{k1} = I_k \tag{3-15}$$

上式称为广义冲量定理。

为了计算广义冲量，我们将式(1-6)两端对时间积分，得

$$\int_0^{\Delta t} \delta W\mathrm{d}t = \int_0^{\Delta t}\sum_{i=1}^n \boldsymbol{F}_i \cdot \delta \boldsymbol{r}_i\mathrm{d}t = \sum_{i=1}^n\left(\int_0^{\Delta t}\boldsymbol{F}_i\mathrm{d}t\right)\cdot\delta\boldsymbol{r} = \sum_{i=1}^n \boldsymbol{I}_i\cdot\delta\boldsymbol{r} \tag{3-16}$$

而由式(1-8)得

$$\int_0^{\Delta t} \delta W \mathrm{d}t = \int_0^{\Delta t} \sum_{k=1}^N Q_k \delta q_k \mathrm{d}t = \sum_{k=1}^N \left(\int_0^{\Delta t} Q_k \mathrm{d}t \right) \delta q_k = \sum_{k=1}^N I_k \delta q_k \qquad (3-17)$$

由式(3-16),作用在质点系上主动力做的虚功的和在 Δt 上的积分,可看成是对应主动力的冲量在虚位移上做的虚功的和,从而式(3-16)和式(3-17)可以写成

$$\delta W(\boldsymbol{I}) = \sum_{i=1}^n \boldsymbol{I}_i \cdot \delta \boldsymbol{r}_i = \sum_{k=1}^N I_k \delta q_k \qquad (3-18)$$

把式(1-5)代入式(3-18)得

$$\delta W(\boldsymbol{I}) = \sum_{k=1}^N \left(\sum_{i=1}^n \boldsymbol{I}_i \cdot \frac{\partial \boldsymbol{r}_i}{\partial q_k} \right) \delta q_k = \sum_{k=1}^N I_k \delta q_k$$

由广义虚位移的任意性,有

$$I_k = \sum_{i=1}^n \boldsymbol{I}_i \cdot \frac{\partial \boldsymbol{r}_i}{\partial q_k} = \sum_{i=1}^n \left(I_{ix} \frac{\partial x_i}{\partial q_k} + I_{iy} \frac{\partial y_i}{\partial q_k} + I_{iz} \frac{\partial z_i}{\partial q_k} \right) \qquad (3-19)$$

这在形式上与广义力的计算方式是一致的。

例 3-5   采用广义冲量定理求解例 3-3。

解:取杆为研究对象,固定面对杆的作用由碰撞力冲量 $\boldsymbol{I}$ 表示,如图 3-11 所示。将 $\boldsymbol{I}$ 看成是主动力的冲量,此时系统有 3 个自由度,取 x_C、y_C 和 θ 为广义坐标,系统的动能为

$$T = \frac{1}{2}m(\dot{x}_C^2 + \dot{y}_C^2) + \frac{1}{2}J_C \dot{\theta}^2$$

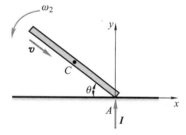

图 3-11

广义动量为

$$p_1 = \frac{\partial T}{\partial \dot{x}_C} = m\dot{x}_C , \quad p_2 = \frac{\partial T}{\partial \dot{y}_C} = m\dot{y}_C , \quad p_3 = \frac{\partial T}{\partial \dot{\theta}} = J_C \dot{\theta}$$

计算广义冲量时,先令 $\delta x_C \neq 0, \delta y_C = 0, \delta\theta = 0$,得
$$\delta W_1(\boldsymbol{I}) = 0 , \quad I_1 = 0$$

再令 $\delta x_C = 0, \delta y_C \neq 0, \delta\theta = 0$,得
$$\delta W_2(\boldsymbol{I}) = I \cdot \delta y_C , \quad I_2 = I$$

再令 $\delta x_C = 0, \delta y_C = 0, \delta\theta \neq 0$,得
$$\delta W_3(\boldsymbol{I}) = -I \cdot \frac{l}{2}\cos\theta \cdot \delta\theta , \quad I_3 = -I \cdot \frac{l}{2}\cos\theta$$

由广义冲量定理,得

$$m(\dot{x}_{C2} - \dot{x}_{C1}) = 0$$

$$m(\dot{y}_{C2} - \dot{y}_{C1}) = I$$

$$J_C(\dot{\theta}_2 - \dot{\theta}_1) = -I \cdot \frac{l}{2}\cos\theta$$

完全弹性碰撞条件为

$$e = -\frac{\dot{y}_{A2}}{\dot{y}_{A1}} = 1$$

代入

$$\dot{y}_C = \dot{y}_A + \frac{l}{2}\cos\theta \cdot \dot{\theta}, \quad \dot{y}_{A1} = -v\sin\theta, \quad \dot{\theta}_1 = 0$$

得到

$$\dot{\theta}_2 = -\frac{6v\sin 2\theta}{(1+3\cos^2\theta)l}$$

负号表示碰撞后杆的角速度方向与 θ 角增加的方向相反。

思考题

3-1 两球 M_1 和 M_2 的质量分别为 m_1 和 m_2，开始时 M_2 不动，M_1 以速度 $\boldsymbol{v}_1$ 撞击 M_2。设恢复因数 $e=1$，问在 $m_1 \ll m_2$，$m_1 = m_2$ 和 $m_1 \gg m_2$ 三种情况下，两球碰撞后将如何运动？

3-2 碰撞过程中可以应用冲量矩定理，为什么一般情况下不便于应用动量矩定理的积分形式？

3-3 为什么弹性碰撞时不应用动能定理？当恢复因数 $e=1$ 时是否可以应用？

3-4 在不同碰撞情况下，恢复因数是如何定义的？在分析碰撞问题中，恢复因数起什么作用？

3-5 击打棒球时，有时感到震手，有时不感到震手，这是为什么？

3-6 定轴转动刚体上受碰撞力作用，为什么轴承处也会产生碰撞力？如果转轴恰好通过刚体的质心，能否找到撞击中心？

3-7 均质细杆质量为 m，长为 l，静止放于光滑水平面上。如杆端受有水平并垂直于细杆的碰撞冲量 $\boldsymbol{I}$，求碰撞后杆中心的速度和杆的角速度。欲使此杆某一端点碰撞结束瞬时的速度为零，碰撞冲量 $\boldsymbol{I}$ 应作用于杆的什么位置？

习题：第三章
碰撞

习 题

3-1 如图所示，用打桩机打入质量为 50 kg 的桩柱，打桩机的重锤质量为 450 kg，由高度 $h=2$ m 处落下，其初速度为零。如恢复因数 $e=0$，经过一次锤击后，桩柱深入 1 cm，试求桩柱进入土地时的平均阻力。

3-2 如图所示，带有几个齿的凸轮绕水平的 O 轴转动，并使桩锤运动。设在凸轮与桩锤碰撞前桩锤是静止的，凸轮的角速度为 ω。若凸轮对 O 轴的转动惯量为 J_O，锤的质量为 m，并且碰撞是非弹性的，碰撞点到 O 轴的距离为 r。求碰撞后凸轮的角速度、锤的速度和碰撞时凸轮与锤间的碰撞冲量。

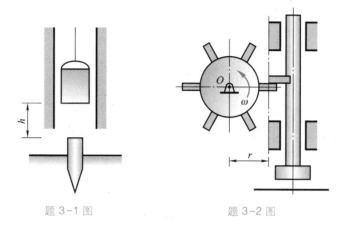

题 3-1 图　　　　　　　　　题 3-2 图

3-3　球 1 速度 $v_1 = 6$ m/s，其运动方向沿球 2（静止）的切线，如图所示。两球半径相同、质量相等，不计摩擦。碰撞的恢复因数 $e = 0.6$。求碰撞后两球的速度。

3-4　马尔特间隙机构的均质拨杆 OA 长为 l，质量为 m。马氏轮盘对转轴 O_1 的转动惯量为 J_{O_1}，半径为 r。在图示瞬时，杆 OA 水平，杆端销 A 撞入轮盘光滑槽的外端，槽与水平线成 θ 角。撞前杆 OA 的角速度是 ω_0，轮盘静止。求撞击后轮盘的角速度和点 A 的撞击冲量。当 θ 为多大时，不出现冲击力？

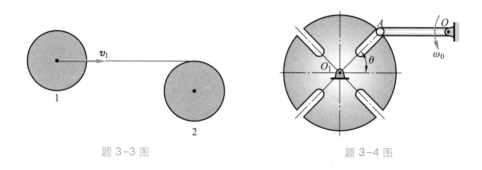

题 3-3 图　　　　　　　　　题 3-4 图

3-5　一均质杆的质量为 m_1，长为 l，其上端固定在圆柱形铰链 O 上，如图所示。杆由水平位置落下，其初角速度为零。杆在铅垂位置处撞到一质量为 m_2 的重物，使后者沿着粗糙的水平面滑动。已知动摩擦因数为 f。如碰撞是非弹性的，求重物移动的路程。

3-6　平台车以速度 v 沿水平路轨运动，其上放置质量为 m、边长为 a 的均质正方体物块 A，如图所示。在平台上靠近物块 A 有一挡条 B，它能阻止物块 A 向前滑动，但不能阻止它绕棱转动。求当平台车突然停止时，物块 A 绕棱 B 转动的角速度。

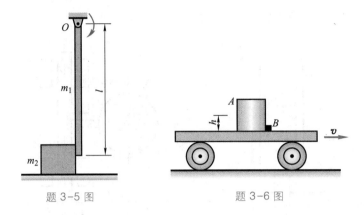

题 3-5 图   题 3-6 图

3-7 如图所示,在测定碰撞恢复因数的仪器中,有一均质杆可绕水平轴 O 转动,杆长为 l,质量为 m_1。杆上带有用试验材料所制的样块,质量为 m。杆受重力作用由水平位置落下,其初角速度为零,在铅垂位置时与障碍物相碰。如碰撞后杆回到与铅垂线成 φ 角处,求恢复因数 e。在碰撞时欲使轴承不受附加压力,样块到转动轴的距离 x 应为多大?

3-8 图示质量为 m、长为 l 的均质杆 AB,水平地自由下落一段距离 h 后,与支座 D 碰撞 $\left(BD = \dfrac{l}{4}\right)$。假定碰撞是塑性的,求碰撞后的角速度 ω 和碰撞冲量 I。

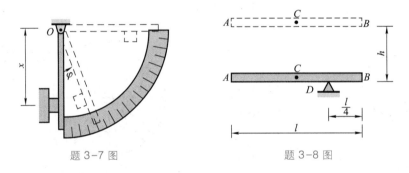

题 3-7 图   题 3-8 图

3-9 图示均质杆 AB 长为 l,质量为 m,用柔索静止悬挂在点 O。今有一质量为 m_0 的子弹以速度 $\boldsymbol{v}_0$ 水平射入杆 AB 内,又以速度 $\boldsymbol{v}_1$ 穿出。子弹射入处距点 A 的距离为 h,求子弹穿出后杆 AB 上点 B 的速度。

3-10 图示一均质圆柱,质量为 m,半径为 r,沿水平面做无滑动的滚动。原来质心以匀速度 $\boldsymbol{v}_c$ 运动,突然圆柱与一高为 $h\,(h<r)$ 的凸台碰撞。设碰撞是塑性的,求圆柱碰撞后质心的速度 $\boldsymbol{v}'_c$、圆柱的角速度和碰撞冲量。

3-11 均质杆 AB 置于光滑的水平面上,围绕其重心 C 以角速度 ω_0 转动,如图所示。如突然将点 B 固定(作为转轴),杆 AB 将以多大的角速度围绕点 B 转动?

3-12 图示一球放在光滑水平面上,其半径为 r。在球上作用一水平碰撞力,该力冲量为 $\boldsymbol{I}$,求当接触点 A 无滑动时,该力作用线距水平面的高度 h。

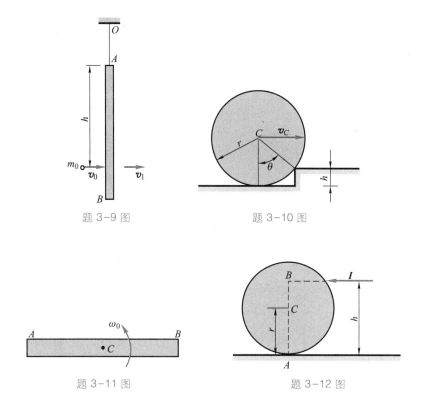

题 3-9 图　　　　　　　　　　　题 3-10 图

题 3-11 图　　　　　　　　　　题 3-12 图

3-13　乒乓球半径为 r,以速度 v 落到台面,v 与铅垂线成 θ 角,此时球有绕水平轴 O(与 v 垂直)的角速度 ω_0,如图所示。球与台面相撞后,因瞬时摩擦作用,接触点水平速度突然变为零。设恢复因数为 e,求回弹角 β。

3-14　两均质杆 OA 和 O_1B,上端用铰链支座固定,下端与杆 AB 用铰链连接,静止时杆 OA 与 O_1B 均铅垂,而杆 AB 水平,如图所示。各铰链均光滑,三杆质量皆为 m,且 $OA = O_1B = AB = l$。如在铰链 A 处作用一水平向右的碰撞力,该力的冲量为 I,求碰撞后杆 OA 的最大偏角。

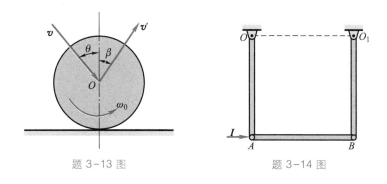

题 3-13 图　　　　　　　　　　题 3-14 图

3-15　图示质量为 m_1 的物块 A 置于光滑水平面上,它与质量为 m_2、长为 l 的均质

杆 AB 相铰接。系统初始静止,杆 AB 铅垂,$m_1 = 2m_2$。今有一冲量为 I 的水平碰撞力作用于杆 AB 的 B 端,求碰撞结束时,物块 A 的速度。

3-16 如图所示,汽锤质量 $m_1 = 3\ 000$ kg,以 5 m/s 的速度落到砧座上,砧座连同被锻压的铁块质量为 $m_2 = 2\ 400$ kg。设碰撞是塑性的,求铁块所吸收的功 W_1、消耗于基础振动的功 W_2 和汽锤的机械效率 η。

3-17 两根相同的均质直杆在 B 处铰接并铅垂静止地悬挂在铰链 C 处,如图所示。设各杆长均为 $l = 1.2$ m,质量均为 $m = 4$ kg。现在下端 A 处作用一个水平冲量 $I = 14$ N·s,求碰撞后杆 BC 的角速度。

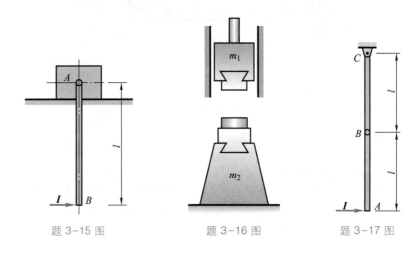

题 3-15 图   题 3-16 图   题 3-17 图

第四章
机械振动基础

振动是日常生活和工程中普遍存在的现象,有机械振动、电磁振荡、光的波动等不同的形式。本书只研究机械振动,如钟摆的摆动、汽车的颠簸、混凝土振动捣实以至地震等。其特点是物体围绕其平衡位置做往复的机械运动。掌握机械振动的基本规律,可以更好地利用有益的振动而减少振动的危害,另外,也有助于了解其他形式的振动。

机械系统的振动往往是很复杂的,应根据具体情况及要求,简化为单自由度系统、多自由度系统以至连续体等物理模型,再运用力学原理及数学工具进行分析。本章只研究单自由度和两个自由度系统的振动。单自由度系统的振动反映了振动的一些最基本的规律;两个自由度系统的一些特点可推广到多自由度系统。

§4-1　单自由度系统的自由振动

1. 自由振动微分方程

工程中许多振动可简化为一个简单的弹簧质量系统。如一个安装在梁上的电动机,如图 4-1a 所示,只能在铅垂方向振动。当梁的质量与电动机的质量相比很小时,可以忽略梁的质量,认为只有它的弹性对系统的振动起作用,这个作用和一根无质量的弹簧相当。因此,梁和电动机所组成的振动系统可用图 4-1b 所示的弹簧质量系统来代替。系统只在铅垂方向上运动,具有一个自由度。

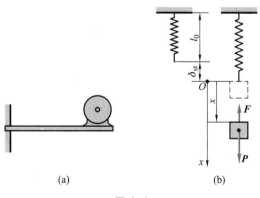

(a)　　　　　(b)

图 4-1

下面就以图 4-1b 所示的弹簧质量系统为例,建立单自由度系统自由振动微分方程。

设弹簧原长为 l_0,刚度系数为 k。在重力 $\boldsymbol{P} = m\boldsymbol{g}$ 作用下弹簧的变形量为 δ_{st},称为静变形,这一位置为平衡位置。平衡时重力 $\boldsymbol{P}$ 和弹性力 $\boldsymbol{F}$ 大小相等,即 $P = k\delta_{st}$,由此有

$$\delta_{st} = P/k \tag{4-1}$$

为研究方便,取重物的平衡位置点 O 为坐标原点,取 x 轴的正向铅垂向下,则重物在任意位置 x 处时弹性力 $\boldsymbol{F}$ 在 x 轴上的投影为

$$F_x = -k\delta = -k(\delta_{st} + x)$$

其运动微分方程为

$$m\frac{\mathrm{d}^2 x}{\mathrm{d}t^2} = P - k(\delta_{st} + x)$$

考虑式(4-1),则上式变为

$$m\frac{\mathrm{d}^2 x}{\mathrm{d}t^2} = -kx \tag{4-2}$$

上式表明,物体偏离平衡位置于坐标 x 处,将受到与偏离距离成正比而与偏离方向相反的合力,称此力为恢复力。只在恢复力作用下维持的振动称为无阻尼自由振动。上例中的重力对于振动系统的作用是一般常力的特例,常力加在振动系统上都只改变其平衡位置,只要将坐标原点取在平衡位置,都将得到如式(4-2)所示的运动微分方程。

将式(4-2)两端除以质量 m,并设

$$\omega_0^2 = \frac{k}{m} \tag{4-3}$$

移项后得

$$\frac{\mathrm{d}^2 x}{\mathrm{d}t^2} + \omega_0^2 x = 0 \tag{4-4}$$

上式为无阻尼自由振动微分方程的标准形式,它是一个二阶齐次线性常系数微分方程。其解具有如下形式:

$$x = \mathrm{e}^{rt}$$

其中,r 为待定常数。将上式代入式(4-4)后,消去公因子 e^{rt},得本征方程

$$r^2 + \omega_0^2 = 0$$

本征方程的两个根为

$$r_1 = +\mathrm{i}\omega_0, \quad r_2 = -\mathrm{i}\omega_0$$

其中,$\mathrm{i} = \sqrt{-1}$,r_1 和 r_2 是两个共轭虚根。微分方程(4-4)的解为

$$x = C_1 \cos \omega_0 t + C_2 \sin \omega_0 t \tag{4-5}$$

其中，C_1 和 C_2 是积分常数，由运动的初始条件确定。令

$$A = \sqrt{C_1^2 + C_2^2}, \quad \tan\theta = \frac{C_1}{C_2}$$

则式（4-5）可改写为

$$x = A\sin(\omega_0 t + \theta) \qquad (4-6)$$

上式表示无阻尼自由振动是简谐振动，其运动图线如图 4-2 所示。

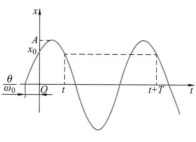

图 4-2

2. 无阻尼自由振动的特点

（1）固有频率

无阻尼自由振动是简谐振动，是一种周期振动。所谓周期振动，是指对任何瞬时 t，其运动规律 $x(t)$ 总可以写为

$$x(t) = x(t+\tau)$$

其中，τ 为常数，称为周期，单位为 s。这种振动经过时间 τ 后又重复原来的运动。

由式（4-6），其角度周期为 2π，则有

$$[\omega_0(t+\tau)+\theta] - (\omega_0 t + \theta) = 2\pi$$

由此得自由振动的周期为

$$\tau = \frac{2\pi}{\omega_0} \qquad (4-7)$$

从上式得

$$\omega_0 = 2\pi \frac{1}{\tau} = 2\pi f \qquad (4-8)$$

其中，$f = \dfrac{1}{\tau}$ 称为振动的频率，表示每秒钟的振动次数，其单位为 s^{-1} 或 Hz（赫兹）。

因为 $\omega_0 = 2\pi f$，所以 ω_0 表示 2π 秒内的振动次数，单位为 rad/s。由式（4-3）知

$$\omega_0 = \sqrt{\frac{k}{m}} \qquad (4-9)$$

上式表示 ω_0 只与表征系统本身特性的质量 m 和刚度系数 k 有关，而与运动的初始条件无关，它是振动系统固有的特性，所以称 ω_0 为固有角（圆）频率（一般也称为固有频率）。固有频率是振动理论中的重要概念，它反映了振动系统的动力学特性，计算系统的固有频率是研究系统振动问题的重要课题之一。

将 $m = P/g$ 和 $k = P/\delta_{st}$ 代入式（4-9），得

$$\omega_0 = \sqrt{\frac{g}{\delta_{st}}} \qquad (4-10)$$

上式表明：对上述振动系统，只要知道重力作用下的静变形，就可求得系统的

固有频率。例如,我们可以根据车厢下面弹簧的压缩量来估算车厢上下振动的频率。显然,满载车厢的弹簧静变形比空载车厢大,则其振动频率比空载车厢低。

（2）振幅与初相角

在简谐振动表达式(4-6)中,A 表示相对于振动中心点 O 的最大位移,称为振幅。$(\omega_0 t+\theta)$ 称为相位(或相位角),相位决定了质点在某瞬时 t 的位置,它具有角度的量纲,而 θ 称为初相角,它决定了质点运动的初始位置。

自由振动中的振幅 A 和初相角 θ 是两个待定常数,它们由运动的初始条件确定。设在初始 $t=0$ 时,物块的坐标 $x=x_0$,速度 $v=v_0$。为求 A 和 θ,现将式(4-6)两端对时间 t 求一阶导数,得物块的速度为

$$v=\frac{\mathrm{d}x}{\mathrm{d}t}=A\omega_0\cos(\omega_0 t+\theta) \tag{4-11}$$

然后将初始条件代入式(4-6)和式(4-11)得

$$x_0=A\sin\theta,\quad v_0=A\omega_0\cos\theta$$

由上述两式,得到振幅 A 和初相角 θ 的表达式为

$$A=\sqrt{x_0^2+\frac{v_0^2}{\omega_0^2}},\quad \tan\theta=\frac{\omega_0 x_0}{v_0} \tag{4-12}$$

从上式可以看到,自由振动的振幅和初相角都与初始条件有关。

例 4-1 质量为 $m=0.5$ kg 的物块,沿光滑斜面无初速度滑下,如图 4-3 所示。当物块下落高度 $h=0.1$ m 时撞于无质量的弹簧上并与弹簧不再分离。弹簧刚度系数 $k=0.8$ kN/m,倾角 $\beta=30°$,求此系统振动的固有频率和振幅,并给出物块的运动方程。

解:物块于弹簧的自然位置 A 处碰上弹簧。若物块平衡时,由于斜面的影响,弹簧应有变形量

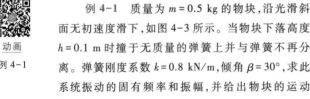
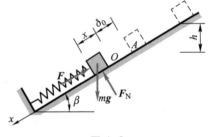

图 4-3

$$\delta_0=\frac{mg\sin\beta}{k} \tag{a}$$

以物块平衡位置 O 为原点,取 x 轴如图所示。物块在任意位置 x 处受重力 $m\boldsymbol{g}$、斜面约束力 $\boldsymbol{F}_N$ 和弹性力 $\boldsymbol{F}$ 作用,物块沿 x 轴的运动微分方程为

$$m\frac{\mathrm{d}^2 x}{\mathrm{d}t^2}=mg\sin\beta-k(\delta_0+x)$$

将式(a)代入上式,得

$$m\frac{\mathrm{d}^2 x}{\mathrm{d}t^2}=-kx$$

上式与式(4-2)完全相同,表明斜面倾角 β 与物块运动微分方程无关。由式(4-6),此系统的通解为

$$x=A\sin(\omega_0 t+\theta) \tag{b}$$

由式(4-3),得固有频率

$$\omega_0 = \sqrt{\frac{k}{m}} = \sqrt{\frac{0.8 \text{ N/m} \times 1\,000}{0.5 \text{ kg}}} = 40 \text{ rad/s}$$

显见固有频率与斜面倾角 β 无关。

当物块碰上弹簧时,取时间 $t=0$ 作为振动的起点,此时物块的坐标为初位移,即

$$x_0 = -\delta_0 = -\frac{0.5 \text{ kg} \times 9.8 \text{ m/s}^2 \times \sin 30°}{0.8 \text{ N/m} \times 1\,000} = -3.06 \times 10^{-3} \text{ m}$$

物块碰上弹簧时,初始速度为

$$v_0 = \sqrt{2gh} = \sqrt{2 \times 9.8 \text{ m/s}^2 \times 0.1 \text{ m}} = 1.4 \text{ m/s}$$

代入式(4-12),得振幅及初相角分别为

$$A = \sqrt{x_0^2 + \frac{v_0^2}{\omega_0^2}} = 35.1 \text{ mm}, \qquad \theta = \arctan\frac{\omega_0 x_0}{v_0} = -0.087 \text{ rad}$$

则此物块的运动方程为

$$x = 35.1 \sin(40t - 0.087)$$

式中,t 以 s 计,x 以 mm 计。

例 4-2 图 4-4 所示无重弹性梁,当其中部放置质量为 m 的物块时,其静挠度为 2 mm。若将此物块在梁未变形位置处无初速释放,求系统的振动规律。

解:此无重弹性梁相当于一弹簧,其静挠度相当于弹簧的静伸长,则梁的刚度系数为

$$k = \frac{mg}{\delta_{\text{st}}}$$

重物在梁上振动时,所受的力有重力 $m\boldsymbol{g}$ 和弹性力 $\boldsymbol{F}$,若取其平衡位置为坐标原点,x 轴方向铅垂向下,可列出运动微分方程为

$$m\frac{\mathrm{d}^2 x}{\mathrm{d}t^2} = mg - k(\delta_{\text{st}} + x) = -kx$$

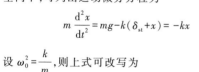

图 4-4

设 $\omega_0^2 = \dfrac{k}{m}$,则上式可改写为

$$\frac{\mathrm{d}^2 x}{\mathrm{d}t^2} + \omega_0^2 x = 0$$

上述振动微分方程的解为

$$x = A\sin(\omega_0 t + \theta)$$

其中固有频率为

$$\omega_0 = \sqrt{\frac{k}{m}} = \sqrt{\frac{g}{\delta_{\text{st}}}} = 70 \text{ rad/s}$$

在初瞬时 $t=0$,物块位于未变形的梁上,其坐标 $x_0 = -\delta_{\text{st}} = -2 \text{ mm}$,重物初速 $v_0 = 0$,则振幅为

$$A = \sqrt{x_0^2 + \frac{v_0^2}{\omega_0^2}} = 2 \text{ mm}$$

初相角为

$$\theta = \arctan \frac{\omega_0 x_0}{v_0} = \arctan(-\infty) = -\frac{\pi}{2}$$

最后得系统的自由振动规律为

$$x = -2\cos(70t)$$

式中, t 以 s 计, x 以 mm 计。

3. 弹簧的并联与串联

图 4-5 表示两个刚度系数分别为 k_1、k_2 的弹簧的两种并联系统。图 4-6 表示两个刚度系数分别为 k_1、k_2 的弹簧串联系统。下面分别研究这两个系统的固有频率和等效弹簧刚度系数。

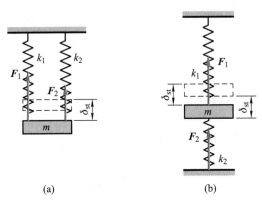

(a)　　　　　　　(b)

图 4-5

（1）弹簧并联　设物块在重力 mg 作用下做平移,其静变形量为 δ_{st},两个弹簧分别受力 $\boldsymbol{F}_1$ 和 $\boldsymbol{F}_2$（图 4-5a、b）作用,因弹簧变形量相同,因此有

$$F_1 = k_1 \delta_{st}, \quad F_2 = k_2 \delta_{st}$$

在平衡时有

$$mg = F_1 + F_2 = (k_1 + k_2)\delta_{st}$$

令

$$k_{eq} = k_1 + k_2 \tag{4-13}$$

k_{eq} 称为等效弹簧刚度系数,上式成为

$$mg = k_{eq}\delta_{st}$$

或

$$\delta_{st} = mg/k_{eq}$$

因此上述并联系统的固有频率为

$$\omega_0 = \sqrt{\frac{k_{eq}}{m}} = \sqrt{\frac{k_1 + k_2}{m}}$$

此系统相当于有一个等效弹簧,当两个弹簧并联时,其等效弹簧刚度系数等于两个弹簧刚度系数的和。这一结论也可以推广到多个弹簧并联的情形。

（2）弹簧串联 图 4-6 所示两个弹簧串联,每个弹簧受的力都等于物块的重量 mg,因此两个弹簧的静伸长分别为

$$\delta_{st1} = \frac{mg}{k_1}, \quad \delta_{st2} = \frac{mg}{k_2}$$

两个弹簧总的静伸长为

$$\delta_{st} = \delta_{st1} + \delta_{st2} = mg\left(\frac{1}{k_1} + \frac{1}{k_2}\right)$$

若设串联弹簧系统的等效弹簧刚度系数为 k_{eq},则有

$$\delta_{st} = mg/k_{eq}$$

比较上面两式得

$$\frac{1}{k_{eq}} = \frac{1}{k_1} + \frac{1}{k_2} \tag{4-14}$$

或

$$k_{eq} = \frac{k_1 k_2}{k_1 + k_2} \tag{4-14'}$$

上述串联弹簧系统的固有频率为

$$\omega_0 = \sqrt{\frac{k_{eq}}{m}} = \sqrt{\frac{k_1 k_2}{m(k_1 + k_2)}}$$

由此可见,当两个弹簧串联时,其等效弹簧刚度系数的倒数等于两个弹簧刚度系数倒数的和。这一结论也可以推广到多个弹簧串联的情形。

4. 其他类型的单自由度振动系统

除弹簧与质量组成的振动系统外,工程中还有很多振动系统,如扭振系统、多体系统等。这些系统形式上虽然不同,但是它们的运动微分方程却具有相同的形式。

图 4-7 为一扭振系统,其中圆盘对于中心轴的转动惯量为 J_O,刚性固结在扭杆的一端。扭杆另一端固定,圆盘相对于固定端的扭转角用 φ 表示,扭杆的扭转刚度系数为 k_t,它表示使圆盘产生单位扭转角所需的力矩。根据刚体转动微分方程可建立圆盘转动的运动微分方程为

$$J_O \frac{d^2\varphi}{dt^2} = -k_t \varphi$$

动画
串联弹簧

图 4-6

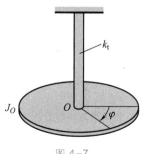

图 4-7

令 $\omega_0^2=\dfrac{k_t}{J_O}$，则上式可变为

$$\frac{\mathrm{d}^2\varphi}{\mathrm{d}t^2}+\omega_0^2\varphi=0$$

此式与式(4-4)形式相同。

例 4-3　图 4-8 为一摆振系统，杆重不计，球质量为 m，摆对 O 轴的转动惯量为 J，弹簧刚度系数为 k，杆于水平位置平衡，尺寸如图所示。求此系统微小振动的运动微分方程及振动频率。

解：摆于水平平衡处，弹簧已有压缩量 δ_0，由平衡方程 $\sum M_O(\boldsymbol{F}_i)=0$，有

$$mgl=k\delta_0 d \qquad\qquad (a)$$

以平衡位置为原点，摆在任一小角度 φ 处弹簧压缩量为 $\delta_0+\varphi d$。摆绕 O 轴的转动微分方程为

$$J\frac{\mathrm{d}^2\varphi}{\mathrm{d}t^2}=mgl-k(\delta_0+\varphi d)d$$

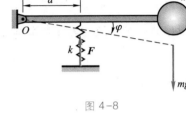

图 4-8

将式(a)代入上式，得

$$J\frac{\mathrm{d}^2\varphi}{\mathrm{d}t^2}=-kd^2\varphi$$

上式移项，可化为标准形式的无阻尼自由振动微分方程，即

$$\frac{\mathrm{d}^2\varphi}{\mathrm{d}t^2}+\frac{kd^2}{J}\varphi=0 \qquad\qquad (b)$$

则此摆振系统的固有频率为

$$\omega_0=d\sqrt{\frac{k}{J}}$$

可见，以平衡位置为原点，摆振系统的运动微分方程也有式(4-4)的标准形式。列方程时，可由平衡位置计算弹性变形，而不再计入重力。

例 4-4　图 4-9 所示两个相同的塔轮，相啮合的齿轮半径皆为 R；半径为 r 的鼓轮上绕有细绳，轮 I 连一铅垂弹簧，轮 II 挂一重物。塔轮对轴的转动惯量皆为 J，弹簧刚度系数为 k，重物质量为 m。求此系统振动的固有频率。

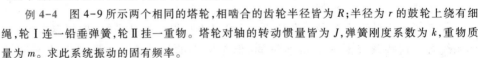

解：以系统平衡时重物的位置为原点，取 x 轴如图所示。重物于任意坐标 x 处，速度为 $\dot{x}$，两塔轮的角速度皆为 $\omega=\dot{x}/r$。系统动能为

$$T=\frac{1}{2}m\dot{x}^2+2\times\frac{1}{2}J\left(\frac{\dot{x}}{r}\right)^2$$

系统平衡处弹簧虽有拉长，但如前所述，从平衡位置起计算弹性变形，可以不再计入重力。由几何关系，当重物位于 x 处时，弹簧由平衡位置计算的变形量也是 x，则系统的势能为

$$V=\frac{1}{2}kx^2$$

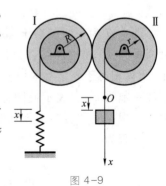

图 4-9

不计摩擦,由系统的机械能守恒,有

$$T+V=\frac{1}{2}m\dot{x}^2+\frac{J}{r^2}\dot{x}^2+\frac{1}{2}kx^2=常数$$

上式两端对时间 t 取一阶导数,得

$$\left(m+\frac{2J}{r^2}\right)\ddot{x}\dot{x}+kx\dot{x}=0$$

或

$$\left(m+\frac{2J}{r^2}\right)\ddot{x}+kx=0$$

上式为自由振动微分方程,由式(4-3),得系统的固有频率为

$$\omega_0=\sqrt{\frac{kr^2}{mr^2+2J}}$$

§4-2　计算固有频率的能量法

对于一个系统的振动问题,确定其固有频率是很重要的。按前述理论可以通过系统的振动微分方程来计算系统的固有频率。下面介绍另外一种计算固有频率的方法——能量法。能量法是从机械能守恒定律出发的,对于计算较复杂系统的固有频率往往更方便。

对图 4-1 所示无阻尼振动系统,当系统做自由振动时,物块的运动为简谐振动,它的运动规律可以写为

$$x=A\sin(\omega_0t+\theta)$$

速度为

$$v=\frac{\mathrm{d}x}{\mathrm{d}t}=\omega_0A\cos(\omega_0t+\theta)$$

在瞬时 t 物块的动能为

$$T=\frac{1}{2}mv^2=\frac{1}{2}m\omega_0^2A^2\cos^2(\omega_0t+\theta)$$

而系统的势能 V 为弹性力势能与重力势能的和,若选平衡位置为零势能位置,有

$$V=\frac{1}{2}k\left[(x+\delta_{st})^2-\delta_{st}^2\right]-Px$$

注意到 $k\delta_{st}=P$,则

$$V=\frac{1}{2}kx^2=\frac{1}{2}kA^2\sin^2(\omega_0t+\theta)$$

可见,对于有重力影响的弹性系统,如果以平衡位置为零势能位置,则重力势能与弹性力势能之和相当于由平衡位置(不由自然位置)处计算变形的单独弹性力的势能。

当物块处于平衡位置（振动中心）时，其速度达到最大，物块具有最大动能，即

$$T_{max} = \frac{1}{2}m\omega_0^2A^2 \qquad (4-15)$$

当物块处于偏离振动中心的极端位置时，其位移最大，系统具有最大势能，即

$$V_{max} = \frac{1}{2}kA^2 \qquad (4-16)$$

无阻尼自由振动系统是保守系统，系统的机械能守恒。因为在平衡位置时，系统的势能选为零，其动能 T_{max} 就是全部机械能。而在振动的极端位置时，系统的动能为零，其势能 V_{max} 等于其全部机械能。由机械能守恒定律，有

$$T_{max} = V_{max} \qquad (4-17)$$

对于弹簧质量系统，可将式（4-15）和式（4-16）代入式（4-17）中，即可得到系统的固有频率为

$$\omega_0 = \sqrt{k/m}$$

根据上述道理，我们还可以求出其他类型机械振动系统的固有频率，下面举例说明。

动画
例 4-5

例 4-5　在图 4-10 所示振动系统中，摆杆 OA 对铰链点 O 的转动惯量为 J，在摆杆 OA 的点 A 和点 B 各安置一个弹簧刚度系数分别为 k_1 和 k_2 的弹簧，系统在水平位置处于平衡状态，求系统做微幅振动时的固有频率。

解：设摆杆 OA 做自由振动时，其摆角 φ 的变化规律为

$$\varphi = \Phi\sin(\omega_0 t + \theta)$$

则系统振动时摆杆 OA 的最大角速度 $\dot{\varphi}_{max} = \omega_0\Phi$，因此系统的最大动能为

$$T_{max} = \frac{1}{2}J\omega_0^2\Phi^2$$

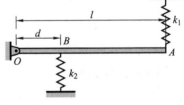

图 4-10

摆杆 OA 的最大角位移为 Φ，若选择平衡位置为零势能位置，计算系统势能时可以不管重力，而由平衡位置计算弹簧变形，此时最大势能等于两个弹簧最大势能的和，即

$$V_{max} = \frac{1}{2}k_1(l\Phi)^2 + \frac{1}{2}k_2(d\Phi)^2 = \frac{1}{2}(k_1l^2 + k_2d^2)\Phi^2$$

由机械能守恒定律有

$$T_{max} = V_{max}$$

即

$$\frac{1}{2}J\omega_0^2\Phi^2 = \frac{1}{2}(k_1l^2 + k_2d^2)\Phi^2$$

解得固有频率为

$$\omega_0 = \sqrt{\frac{k_1 l^2 + k_2 d^2}{J}}$$

动画
例 4-6

例 4-6 图 4-11 表示一质量为 m、半径为 r 的圆柱体在一半径为 R 的圆弧槽上做无滑动的滚动。求圆柱体在平衡位置附近做微幅振动的固有频率。

解：用能量法求解这个问题。

设在振动过程中，圆柱体中心与圆弧槽中心的连线 OO_1 与铅垂线 OA 的夹角为 θ。圆柱体中心 O_1 的线速度 $v_{O_1} = (R-r)\dot{\theta}$。由运动学知，当圆柱体做纯滚动时，其角速度 $\omega = (R-r)\dot{\theta}/r$，因此系统的动能为

$$T = \frac{1}{2}mv_{O_1}^2 + \frac{1}{2}J_{O_1}\omega^2$$

$$= \frac{1}{2}m[(R-r)\dot{\theta}]^2 + \frac{1}{2}\left(\frac{mr^2}{2}\right)\left[\frac{(R-r)\dot{\theta}}{r}\right]^2$$

$$= \frac{3m}{4}(R-r)^2\dot{\theta}^2$$

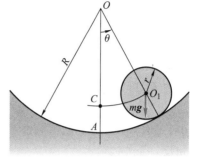

图 4-11

系统的势能即重力势能。圆柱体在最低处平衡，取该处圆心位置 C 为零势能位置，则系统的势能为

$$V = mg(R-r)(1-\cos\theta) = 2mg(R-r)\sin^2\frac{\theta}{2}$$

当圆柱体做微幅振动时，可认为 $\sin\dfrac{\theta}{2} \approx \dfrac{\theta}{2}$。因此势能公式可改写为

$$V = \frac{1}{2}mg(R-r)\theta^2$$

设系统做自由振动时 θ 的变化规律为

$$\theta = A\sin(\omega_0 t + \beta)$$

则系统的最大动能为

$$T_{max} = \frac{3m}{4}(R-r)^2\omega_0^2 A^2$$

系统的最大势能为

$$V_{max} = \frac{1}{2}mg(R-r)A^2$$

由机械能守恒定律，有 $T_{max} = V_{max}$，解得系统的固有频率为

$$\omega_0 = \sqrt{\frac{2g}{3(R-r)}}$$

§4-3　单自由度系统的有阻尼自由振动

1. 阻尼

上节所研究的振动是不受阻力作用的，振动的振幅是不随时间改变的，振动过

程将无限地进行下去。但实际中的自由振动多是随时间不断衰减的，直到最后振动停止。理论与实际的不一致，说明在振动过程中，系统除受恢复力的作用外，还存在着某种影响振动的阻力，由于这种阻力的存在而不断消耗着振动的能量，使振幅不断地减小。

振动过程中的阻力习惯上称为阻尼。产生阻尼的原因有很多，例如，在介质中振动时的介质阻尼、由于结构材料变形而产生的内阻尼和由于接触面的摩擦而产生的干摩擦阻尼等。当振动速度不大时，由于介质黏性引起的阻力近似地与速度的一次方成正比，这样的阻尼称为黏性阻尼。设振动质点的运动速度为 v，则黏性阻尼力 $\boldsymbol{F}_d$ 可以表示为

$$\boldsymbol{F}_d = -c\boldsymbol{v} \tag{4-18}$$

其中，比例常数 c 称为黏性阻力系数（简称为阻力系数），负号表示阻力与速度的方向相反。

当振动系统中存在黏性阻尼时，经常用如图 4-12a 所示的阻尼元件 c 表示。一般的机械振动系统都可以简化为由惯性元件（m）、弹性元件（k）和阻尼元件（c）组成的系统。

2. 振动微分方程

现建立图 4-12 所示系统的自由振动微分方程。前述理论已经表明，如以平衡位置为坐标原点，在建立此系统的振动微分方程时可以不再计入重力的作用。这样，在振动过程中作用在物块上的力有

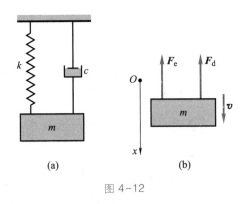

图 4-12

（1）恢复力 $\boldsymbol{F}_e$，方向指向平衡位置 O，大小与偏离平衡位置的距离成正比，即

$$F_e = -kx$$

（2）黏性阻尼力 $\boldsymbol{F}_d$，方向与速度方向相反，大小与速度成正比，即

$$F_d = -cv_x = -c\frac{dx}{dt}$$

物块的运动微分方程为

$$m\frac{\mathrm{d}^2x}{\mathrm{d}t^2}=-kx-c\frac{\mathrm{d}x}{\mathrm{d}t}$$

将上式两端除以 m，并令

$$\omega_0^2=\frac{k}{m}, \quad \delta=\frac{c}{2m} \tag{4-19}$$

ω_0 为固有角（圆）频率，称 δ 为阻尼系数，前式可整理得

$$\frac{\mathrm{d}^2x}{\mathrm{d}t^2}+2\delta\frac{\mathrm{d}x}{\mathrm{d}t}+\omega_0^2x=0 \tag{4-20}$$

上式是有阻尼自由振动微分方程的标准形式，它仍是一个二阶齐次常系数线性微分方程，其解可设为

$$x=\mathrm{e}^{rt}$$

将上式代入微分方程(4-20)中，并消去公因子 e^{rt}，得本征方程为

$$r^2+2\delta r+\omega_0^2=0$$

该方程的两个根为

$$r_1=-\delta+\sqrt{\delta^2-\omega_0^2}, \quad r_2=-\delta-\sqrt{\delta^2-\omega_0^2}$$

因此微分方程(4-20)的通解为

$$x=C_1\mathrm{e}^{r_1t}+C_2\mathrm{e}^{r_2t} \tag{4-21}$$

上述解中，本征根为实数或复数时，运动规律有很大的不同，因此下面按 $\delta<\omega_0$，$\delta>\omega_0$ 和 $\delta=\omega_0$ 三种不同状态分别进行讨论。

3. 欠阻尼状态

当 $\delta<\omega_0$ 时，阻力系数 $c<2\sqrt{mk}$，此时阻尼较小，称为欠阻尼状态。此时本征方程的两个根为共轭复数，即

$$r_1=-\delta+\mathrm{i}\sqrt{\omega_0^2-\delta^2}, \quad r_2=-\delta-\mathrm{i}\sqrt{\omega_0^2-\delta^2}$$

其中，$\mathrm{i}=\sqrt{-1}$。微分方程的解(4-21)可以根据欧拉公式写成

$$x=A\mathrm{e}^{-\delta t}\sin\left(\sqrt{\omega_0^2-\delta^2}\,t+\theta\right) \tag{4-22}$$

或

$$x=A\mathrm{e}^{-\delta t}\sin\left(\omega_\mathrm{d}t+\theta\right) \tag{4-22'}$$

其中，A 和 θ 为两个积分常数，由运动的初始条件确定；$\omega_\mathrm{d}=\sqrt{\omega_0^2-\delta^2}$，表示有阻尼自由振动的固有角（圆）频率。

设在初瞬时 $t=0$，质点的坐标为 $x=x_0$，速度 $v=v_0$，仿照求无阻尼自由振动的振幅和初相角的求法，可求得有阻尼自由振动中的初始幅值和初相角为

$$A=\sqrt{x_0^2+\frac{(v_0+\delta x_0)^2}{\omega_0^2-\delta^2}} \tag{4-23}$$

$$\tan\theta=\frac{x_0\sqrt{\omega_0^2-\delta^2}}{v_0+\delta x_0} \tag{4-24}$$

式(4-22)是欠阻尼状态下的自由振动表达式,这种振动的振幅是随时间不断衰减的,所以又称为衰减振动。衰减振动的运动图线如图4-13所示。

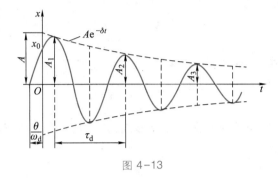

图 4-13

由式(4-22)知,这种振动不符合周期振动的定义,所以不是周期振动。但这种振动仍然是围绕平衡位置的往复运动,仍具有振动的特点。我们将质点从一个最大偏离位置到下一个最大偏离位置所需的时间称为衰减振动的周期,记为τ_d,如图4-13所示。由式(4-22)知

$$\tau_\mathrm{d} = \frac{2\pi}{\omega_\mathrm{d}} = \frac{2\pi}{\sqrt{\omega_0^2 - \delta^2}} \tag{4-25}$$

或

$$\tau_\mathrm{d} = \frac{2\pi}{\omega_0 \sqrt{1 - \left(\dfrac{\delta}{\omega_0}\right)^2}} = \frac{2\pi}{\omega_0 \sqrt{1 - \zeta^2}} \tag{4-25'}$$

其中

$$\zeta = \frac{\delta}{\omega_0} = \frac{c}{2\sqrt{mk}} \tag{4-26}$$

ζ 称为阻尼比。阻尼比是振动系统中反映阻尼特性的重要参数,在欠阻尼状态下,$\zeta < 1$。由式(4-25'),可以得到有阻尼自由振动的周期 τ_d、频率 f_d 和角频率 ω_d 分别与相应的无阻尼自由振动的 τ、f 和 ω_0 的关系:

$$\tau_\mathrm{d} = \frac{\tau}{\sqrt{1 - \zeta^2}}, \quad f_\mathrm{d} = f\sqrt{1 - \zeta^2}, \quad \omega_\mathrm{d} = \omega_0\sqrt{1 - \zeta^2}$$

由上述三式可以看到,由于阻尼的存在,使系统自由振动的周期增大,频率减小。在空气中的振动系统阻尼比都比较小,对振动频率影响不大,一般可以认为 $\omega_\mathrm{d} = \omega_0$,$\tau_\mathrm{d} = \tau$。

由式(4-22)可见,其中 $A\mathrm{e}^{-\delta t}$ 相当于振幅。设在某瞬时 t_i,振动达到的最大偏离值为 A_i,有

$$A_i = A\mathrm{e}^{-\delta t_i}$$

经过一个周期 τ_d 后,系统到达另一个比前者略小的最大偏离值 A_{i+1}(图 4-13),有

$$A_{i+1} = A e^{-\delta(t_i + \tau_d)}$$

这两个相邻振幅之比为

$$\eta = \frac{A_i}{A_{i+1}} = \frac{A e^{-\delta t_i}}{A e^{-\delta(t_i + \tau_d)}} = e^{\delta \tau_d} \qquad (4-27)$$

η 称为减缩因数。从上式可以看到,任意两个相邻振幅之比为一常数,所以衰减振动的振幅呈几何级数减小。

上述分析表明,在欠阻尼状态下,阻尼对自由振动的频率影响较小;但阻尼对自由振动的振幅影响较大,使振幅呈几何级数减小。例如,当阻尼比 $\zeta = 0.05$ 时,可以计算出其振动频率只比无阻尼自由振动时减小 0.125%,而减缩因数为 0.730 1。经过 10 个周期后,振幅只有原振幅的 4.3%。

对式(4-27)的两端取自然对数得

$$\Lambda = \ln \frac{A_i}{A_{i+1}} = \delta \tau_d \qquad (4-28)$$

Λ 称为对数减缩。

将式(4-25′)和式(4-26)代入上式,可以建立对数减缩与阻尼比的关系为

$$\Lambda = \frac{2\pi \zeta}{\sqrt{1-\zeta^2}} \approx 2\pi \zeta \qquad (4-29)$$

上式表明对数减缩 Λ 与阻尼比 ζ 之间只差 2π 倍,因此 Λ 也是反映阻尼特性的一个参数。

4. 临界阻尼和过阻尼状态

当 $\delta = \omega_0(\zeta = 1)$ 时,称为临界阻尼状态。这时系统的阻力系数用 c_{cr} 表示,c_{cr} 称为临界阻力系数。从式(4-26)得

$$c_{cr} = 2\sqrt{mk} \qquad (4-30)$$

在临界阻尼情况下,本征方程的根为两个相等的实根,即

$$r_1 = -\delta, \quad r_2 = -\delta$$

得微分方程(4-20)的解为

$$x = e^{-\delta t}(C_1 + C_2 t) \qquad (4-31)$$

其中,C_1 和 C_2 为两个积分常数,由运动的起始条件决定。

上式表明:这时物体的运动是随时间的增长而无限地趋向平衡位置,因此运动已不具有振动的特点。

当 $\delta > \omega_0(\zeta > 1)$ 时,称为过阻尼状态。此时阻力系数 $c > c_{cr}$。在这种情形下,本征方程的根为两个不等的实根,即

$$r_1 = -\delta + \sqrt{\delta^2 - \omega_0^2}, \quad r_2 = -\delta - \sqrt{\delta^2 - \omega_0^2}$$

所以微分方程(4-20)的解为

$$x = -e^{-\delta t}\left(C_1 e^{\sqrt{\delta^2-\omega_0^2}\,t} + C_2 e^{-\sqrt{\delta^2-\omega_0^2}\,t}\right) \tag{4-32}$$

其中,C_1 和 C_2 为两个积分常数,由运动起始条件来确定,运动图线如图 4-14 所示,也不再具有振动性质。

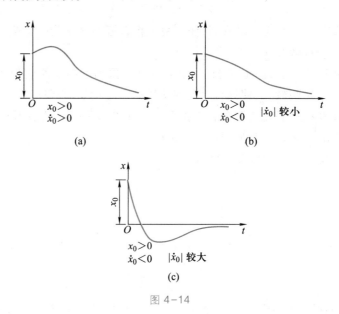

(a)

(b)

(c)

图 4-14

例 4-7　图 4-15 所示为一弹性杆支持的圆盘,弹性杆扭转刚度系数为 k_t,圆盘对杆轴的转动惯量为 J。如圆盘外缘受到与转动速度成正比的切向阻力,而圆盘衰减扭振的周期为 τ_d。求圆盘所受阻力偶矩与转动角速度的关系。

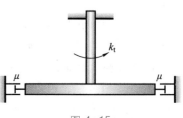

图 4-15

解:盘外缘切向阻力与转动速度成正比,则此阻力偶矩 M 与角速度 ω 成正比,且方向相反。设 $M = \mu\omega$,μ 为阻力偶系数,圆盘绕杆轴转动微分方程为

$$J\ddot{\varphi} = -k_t\varphi - \mu\dot{\varphi}$$

或

$$\ddot{\varphi} + \frac{\mu}{J}\dot{\varphi} + \frac{k_t}{J}\varphi = 0$$

由式(4-25)可得衰减振动周期为

$$\tau_d = \frac{2\pi}{\sqrt{\dfrac{k_t}{J} - \left(\dfrac{\mu}{2J}\right)^2}}$$

由上式解出阻力偶系数为

$$\mu = \frac{2}{\tau_d}\sqrt{\tau_d^2 k_t J - 4\pi^2 J^2}$$

例 4-8 如图 4-12 所示弹簧质量阻尼系统,其物块质量为 0.05 kg,弹簧刚度系数 $k = 2\,000$ N/m。使系统发生自由振动,测得其相邻两个振幅之比 $\dfrac{A_i}{A_{i+1}} = \dfrac{100}{98}$。求系统的临界阻力系数和阻力系数各为多少?

解:由式(4-28)首先求出对数减缩为

$$\Lambda = \ln \frac{A_i}{A_{i+1}} = \ln \frac{100}{98} = 0.020\,2$$

阻尼比为

$$\zeta = \frac{\Lambda}{2\pi} = 0.003\,215$$

系统的临界阻力系数为

$$c_{\mathrm{cr}} = 2\sqrt{mk} = 2\sqrt{0.05\ \text{kg} \times 2\,000\ \text{N/m}} = 20\ \text{N·s/m}$$

阻力系数为

$$c = \zeta c_{\mathrm{cr}} = 0.064\,3\ \text{N·s/m}$$

§4-4 单自由度系统的无阻尼受迫振动

工程中的自由振动都会由于阻尼的存在而逐渐衰减,最后完全停止。但实际上又存在有大量的持续振动,这是由于外界有能量输入以补充阻尼的消耗,一般都承受外加的激振力。在外加激振力作用下的振动称为受迫振动。例如,交流电通过电磁铁产生交变的电磁力引起振动系统的振动,如图 4-16 所示;弹性梁上的电动机由于转子偏心,在转动时引起的振动,如图 4-17 所示;等等。

动画
电磁力致
受迫振动

动画
电动机
偏心振动

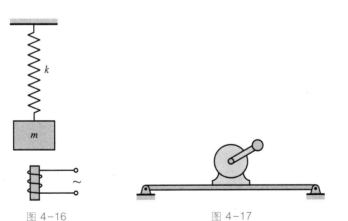

图 4-16   图 4-17

工程中常见的激振力多是周期变化的。一般回转机械、往复式机械、交流电磁铁等多会引起周期激振力。简谐激振力是一种典型的周期变化的激振力,简谐激振力 F 随时间变化的关系可以写成

$$F = H\sin(\omega t + \varphi) \tag{4-33}$$

其中，H 称为激振力的力幅，即激振力的最大值；ω 是激振力的角频率；φ 是激振力的初相角，它们都是定值。

1. 振动微分方程

图 4-16 所示的振动系统，其中物块的质量为 m。物块所受的力有恢复力 $\boldsymbol{F}_e$ 和激振力 $\boldsymbol{F}$，如图 4-18 所示。取物块的平衡位置为坐标原点，坐标轴铅垂向下，则恢复力 $\boldsymbol{F}_e$ 在坐标轴上的投影为

$$F_e = -kx$$

其中，k 为弹簧刚度系数。

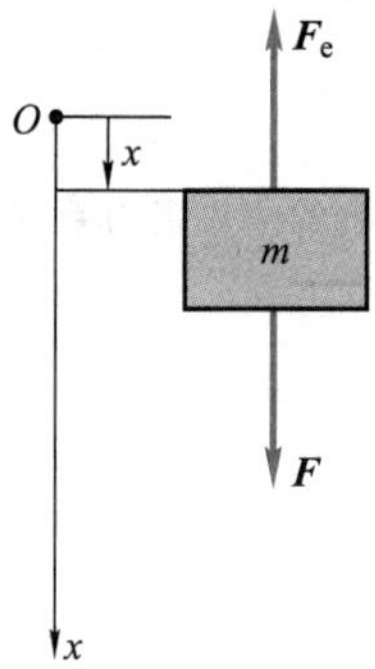

设 $\boldsymbol{F}$ 为简谐激振力，$\boldsymbol{F}$ 在坐标轴上的投影可以写成式(4-33)的形式。质点的运动微分方程为

$$m\frac{\mathrm{d}^2 x}{\mathrm{d}t^2} = -kx + H\sin(\omega t + \varphi)$$

将上式两端除以 m，并设

$$\omega_0^2 = \frac{k}{m}, \quad h = \frac{H}{m} \tag{4-34}$$

则得

$$\frac{\mathrm{d}^2 x}{\mathrm{d}t^2} + \omega_0^2 x = h\sin(\omega t + \varphi) \tag{4-35}$$

图 4-18

该式为无阻尼受迫振动微分方程的标准形式，是二阶常系数非齐次线性微分方程，它的解由两部分组成，即

$$x = x_1 + x_2$$

其中，x_1 对应于方程(4-35)的齐次通解，x_2 为其特解。由 §4-1 知，齐次方程的通解为

$$x_1 = A\sin(\omega_0 t + \theta)$$

设方程(4-35)的特解有如下形式：

$$x_2 = b\sin(\omega t + \varphi) \tag{4-36}$$

其中，b 为待定常数，将 x_2 代入方程(4-35)，得

$$-b\omega^2 \sin(\omega t + \varphi) + b\omega_0^2 \sin(\omega t + \varphi) = h\sin(\omega t + \varphi)$$

解得

$$b = \frac{h}{\omega_0^2 - \omega^2} \tag{4-37}$$

于是得方程(4-35)的全解为

$$x = A\sin(\omega_0 t + \theta) + \frac{h}{\omega_0^2 - \omega^2}\sin(\omega t + \varphi) \tag{4-38}$$

上式表明：无阻尼受迫振动是由两个简谐振动合成的，第一部分是频率为固有

频率的自由振动;第二部分是频率为激振力频率的振动,称为**受迫振动**。由于实际的振动系统中总有阻尼存在,自由振动部分总会逐渐衰减下去,因而我们着重研究第二部分受迫振动,它是一种稳态的振动。

2. 受迫振动的振幅

由式(4-36)和式(4-37)知,在简谐激振力的作用下,系统的受迫振动为简谐振动,其振动频率等于激振力的频率,振幅的大小与运动初始条件无关,而与振动系统的固有频率 ω_0、激振力的力幅 H、激振力的频率 ω 有关。下面讨论受迫振动的振幅与激振力频率之间的关系。

(1) 若 $\omega \to 0$,此种激振力的周期趋近于无穷大,即激振力为一恒力,此时并不振动,所谓的振幅 b_0 实为静力 H 作用下的静变形。由式(4-37)得

$$b_0 = \frac{h}{\omega_0^2} = \frac{H}{k} \tag{4-39}$$

(2) 若 $0 < \omega < \omega_0$,则由式(4-37)知,ω 值越大,振幅 b 越大,即振幅 b 随着频率 ω 单调上升,当 ω 接近 ω_0 时,振幅 b 将趋于无穷大。

(3) 若 $\omega > \omega_0$,按式(4-37),b 为负值。但习惯上把振幅都取为正值,因而此时 b 取其绝对值,而视受迫振动 x_2 与激振力反向,即式(4-36)的相位角应加(或减)180°。这时,随着激振力频率 ω 增大,振幅 b 减小。当 ω 趋于无穷大时,振幅 b 趋于零。

上述振幅 b 与激振力频率 ω 之间的关系可用图4-19a中的曲线表示。该曲线称为振幅频率曲线(简称幅频曲线),又称为共振曲线。为了使曲线具有更普遍的意义,我们将纵轴取为 $\beta = \dfrac{b}{b_0}$,横轴取为 $\lambda = \dfrac{\omega}{\omega_0}$,$\beta$ 和 λ 都是量纲一的量,幅频曲线如图4-19b所示。

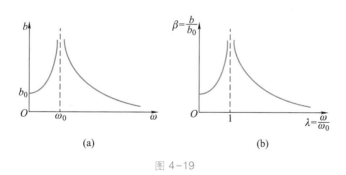

图 4-19

3. 共振现象

在上述分析中,当 $\omega = \omega_0$ 时,即激振力频率等于系统的固有频率时,振幅 b 在理论上应趋向无穷大,这种现象称为**共振**。

事实上,当 $\omega = \omega_0$ 时,式(4-37)没有意义,微分方程式(4-35)的特解应具有下

面的形式：

$$x_2 = Bt\cos(\omega_0 t + \varphi) \tag{4-40}$$

将此式代入式(4-35)中，得

$$B = -\frac{h}{2\omega_0}$$

故共振时受迫振动的运动规律为

$$x_2 = -\frac{h}{2\omega_0}t\cos(\omega_0 t + \varphi) \tag{4-41}$$

它的幅值为

$$b = \frac{h}{2\omega_0}\,t$$

由此可见，当 $\omega = \omega_0$ 时，系统发生共振，受迫振动的振幅随时间无限地增大，其运动图线如图 4-20 所示。

实际上，由于系统存在阻尼，共振时振幅不可能达到无限大。但一般来说，共振时的振幅都是相当大的，往往使机器产生过大的变形，甚至造成破坏。因此如何避免发生共振是工程中一个非常重要的课题。

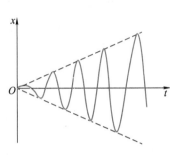

图 4-20

例 4-9　图 4-21 所示为一长为 l 的无重刚杆 OA，其一端 O 铰支，另一端 A 水平悬挂在刚度系数为 k 的弹簧上，杆的中点装有一质量为 m 的小球。若在点 A 加一激振力 $F = F_0\sin \omega t$，其中激振力的频率 $\omega = \frac{1}{2}\omega_0$，$\omega_0$ 为系统的固有频率。忽略阻尼，求系统的受迫振动规律。

动画
例 4-9

解：设任一瞬时刚杆 OA 的摆角为 φ，根据刚体定轴转动微分方程可以建立系统的运动微分方程为

$$m\left(\frac{l}{2}\right)^2\ddot{\varphi} = -kl^2\varphi + F_0 l\sin \omega t$$

令

$$\omega_0^2 = \frac{kl^2}{m\left(\dfrac{l}{2}\right)^2} = \frac{4k}{m}, \quad h = \frac{F_0 l}{m\left(\dfrac{l}{2}\right)^2} = \frac{4F_0}{ml}$$

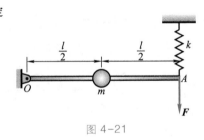

图 4-21

则上述运动微分方程可以整理为

$$\ddot{\varphi} + \omega_0^2\varphi = h\sin \omega t$$

利用式(4-38)可得上述方程的特解，即受迫振动为

$$\varphi = \frac{h}{\omega_0^2 - \omega^2}\sin \omega t$$

将 $\omega = \dfrac{1}{2}\omega_0$ 代入上式,可解得

$$\varphi = \frac{h}{\dfrac{3}{4}\omega_0^2}\sin\omega t = \frac{\dfrac{4F_0}{ml}}{\dfrac{3}{4}\dfrac{4k}{m}}\sin\omega t = \frac{4F_0}{3kl}\sin\omega t$$

例 4-10　如图 4-22 所示,带有偏心块的电动机固定在一根弹性梁上。设电动机的质量为 m_1,偏心块的质量为 m_2,偏心距为 e,弹性梁的刚度系数为 k,求当电动机以匀角速度 ω 旋转时系统的受迫振动规律。

解:将电动机与偏心块看成一质点系。设电动机轴心在瞬时 t 相对其平衡位置 O 的坐标为 x,则偏心块的 x 坐标应为 $x+e\sin\omega t$。此时作用在系统上的恢复力为 $-kx$。列出质点系动量定理的微分形式,即

$$\frac{\mathrm{d}}{\mathrm{d}t}\left(\sum m_i v_{ix}\right) = -kx$$

得

$$\frac{\mathrm{d}}{\mathrm{d}t}\left[m_1\frac{\mathrm{d}x}{\mathrm{d}t}+m_2\frac{\mathrm{d}}{\mathrm{d}t}(x+e\sin\omega t)\right] = -kx$$

整理后得微分方程

$$(m_1+m_2)\ddot{x}+kx = m_2 e\omega^2\sin\omega t$$

此微分方程与质点受迫振动的微分方程相同,其中激振力项 $m_2 e\omega^2\sin\omega t$ 相当于电动机旋转时,偏心块的离心惯性力在 x 轴方向的投影。激振力的力幅 $m_2\omega^2 e$ 等于离心惯性力的大小,激振力的角频率等于转子的角速度 ω。这种由系统中转动部件的惯性力而引起的受迫振动与前述的简谐激振力引起的受迫振动有相同的微分方程。但惯性力引起的激振力的力幅与激振力的频率有关,因此共振曲线将有所不同。令 $H=m_2 e\omega^2$,则 $h=\dfrac{m_2 e\omega^2}{m_1+m_2}$,由式(4-37),得受迫振动振幅为

$$b = \frac{h}{\omega_0^2-\omega^2} = \frac{m_2 e\omega^2}{k-(m_1+m_2)\omega^2}$$

上述振幅表达式表示的幅频曲线如图 4-23 所示。这一幅频曲线与图 4-19a 所示幅频曲线略有不同。此幅频曲线当 $\omega<\omega_0$ 时,振幅从零开始,随着频率增大而增大;当 $\omega=\omega_0$ 时,振幅趋于 ∞ ;当 $\omega>\omega_0$ 时,振幅随着 ω 增大而减小,最后趋近于 $m_2 e/(m_1+m_2)$。而图 4-19a 所示幅频曲线则是从静变形 b_0 开始,最后趋于零。当 $\omega=\omega_0$ 时系统发生共振这一点是相同的。

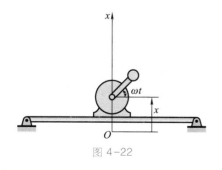

图 4-22

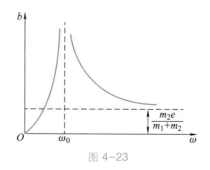

图 4-23

例 4-11 图 4-24 为一测振仪的简图,其中物块质量为 m,弹簧刚度系数为 k。测振仪放在振动物体表面,将随物体而运动。设被测物体的振动规律为 $s = e \sin \omega t$,求测振仪中物块的运动微分方程及其受迫振动规律。

解: 测振仪随被测物体而振动,则其弹簧悬挂点的运动规律就是 $s = e \sin \omega t$。取 $t = 0$ 时物块的平衡位置为坐标原点 O,取 x 轴如图所示。如弹簧原长为 l_0,δ_{st} 为其静伸长量。设任一时刻 t 时,物块的坐标为 x,弹簧的变形量为

$$\delta = \delta_{st} + x - s$$

由此,物块绝对运动的微分方程为

$$m\ddot{x} = mg - k(\delta_{st} + x - s)$$

注意到 $mg = k\delta_{st}$,$s = e \sin \omega t$,上式可整理为

$$m\ddot{x} + kx = ke \sin \omega t$$

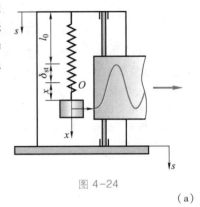

图 4-24

(a)

可见物块的运动微分方程为无阻尼受迫振动的微分方程。物块的受迫振动形式为

$$x = b \sin \omega t$$

此时激振力的力幅为 $H = ke$,由式(4-37)有

$$b = \frac{h}{\omega_0^2 - \omega^2} = \frac{ke}{m(\omega_0^2 - \omega^2)} = \frac{e}{1 - \left(\dfrac{\omega}{\omega_0}\right)^2} \qquad (b)$$

b 为物块绝对运动的振幅。由于测振仪壳体也在运动,其振幅为 e,因而图 4-24 中,记录纸上画出的振幅为物块相对于测振仪的振幅 $a = |b - e|$。由式(b)可见,当 $\omega_0 \ll \omega$ 时 $b \approx 0$,有 $a \approx e$。因此,一般测振仪的物块质量较大,弹簧刚度系数 k 很小,使 ω_0 很小。用它来检测频率 ω 不太低的振动时,物块几乎不动,记录纸上画出的振幅也就接近于被测物体的振幅了。

§4-5 单自由度系统的有阻尼受迫振动

图 4-25 所示的有阻尼振动系统,设物块的质量为 m,作用在物块上的力有线性恢复力 $\boldsymbol{F}_e$、黏性阻尼力 $\boldsymbol{F}_d$ 和简谐激振力 $\boldsymbol{F}$。若选平衡位置为坐标原点,坐标轴铅垂向下,则各力在坐标轴上的投影为

$$F_e = -kx, \qquad F_d = -cv = -c\frac{dx}{dt}, \qquad F = H \sin \omega t$$

可建立质点运动微分方程

$$m\frac{d^2x}{dt^2} = -kx - c\frac{dx}{dt} + H \sin \omega t$$

将上式两端除以 m,并令

$$\omega_0^2 = \frac{k}{m}, \qquad 2\delta = \frac{c}{m}, \qquad h = \frac{H}{m}$$

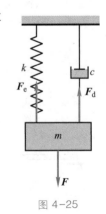

图 4-25

整理得

$$\frac{\mathrm{d}^2 x}{\mathrm{d}t^2} + 2\delta \frac{\mathrm{d}x}{\mathrm{d}t} + \omega_0^2 x = h\sin \omega t \qquad (4\text{-}42)$$

这是有阻尼受迫振动微分方程的标准形式,是二阶线性常系数非齐次微分方程,其解由两部分组成,即

$$x = x_1 + x_2$$

x_1 对应于方程(4-42)的齐次方程的通解,在欠阻尼($\delta < \omega_0$)的状态下,有

$$x_1 = A\mathrm{e}^{-\delta t}\sin\left(\sqrt{\omega_0^2 - \delta^2}\, t + \theta\right) \qquad (4\text{-}43)$$

x_2 为方程(4-42)的特解,设它有下面的形式:

$$x_2 = b\sin(\omega t - \varepsilon) \qquad (4\text{-}44)$$

ε 表示受迫振动的相位角落后于激振力的相位角。将式(4-44)代入方程(4-42),可得

$$-b\omega^2\sin(\omega t - \varepsilon) + 2\delta b\omega\cos(\omega t - \varepsilon) + \omega_0^2 b\sin(\omega t - \varepsilon) = h\sin \omega t$$

将上式右端改写为如下形式:

$$h\sin \omega t = h\sin\left[(\omega t - \varepsilon) + \varepsilon\right]$$
$$= h\cos \varepsilon \sin(\omega t - \varepsilon) + h\sin \varepsilon \cos(\omega t - \varepsilon)$$

这样前式可整理为

$$\left[b(\omega_0^2 - \omega^2) - h\cos \varepsilon\right]\sin(\omega t - \varepsilon) + (2\delta b\omega - h\sin \varepsilon)\cos(\omega t - \varepsilon) = 0$$

对任意瞬时 t,上式都必须是恒等式,则有

$$b(\omega_0^2 - \omega^2) - h\cos \varepsilon = 0$$
$$2\delta b\omega - h\sin \varepsilon = 0$$

将上述两方程联立,可解出

$$b = \frac{h}{\sqrt{(\omega_0^2 - \omega^2)^2 + 4\delta^2\omega^2}} \qquad (4\text{-}45)$$

$$\tan \varepsilon = \frac{2\delta\omega}{\omega_0^2 - \omega^2} \qquad (4\text{-}46)$$

于是得方程(4-42)的通解为

$$x = A\mathrm{e}^{-\delta t}\sin\left(\sqrt{\omega_0^2 - \delta^2}\, t + \theta\right) + b\sin(\omega t - \varepsilon)$$

$$(4\text{-}47)$$

其中,A 和 θ 为积分常数,由运动的初始条件确定。

由式(4-47)知:有阻尼受迫振动由两部分合成,如图 4-26c 所示。第一部分是衰减振动(图 4-26a);第二部分是受迫振动(图 4-26b)。

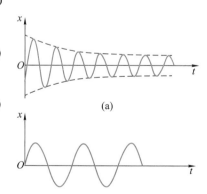

(a)

(b)

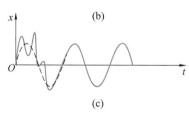

(c)

图 4-26

由于阻尼的存在,第一部分振动随时间的增加,很快地衰减了,衰减振动有显著影响的这段过程称为过渡过程(或称瞬态过程)。一般来说,过渡过程是很短暂的,以后系统基本上按第二部分受迫振动的规律进行振动,过渡过程以后的这段过程称为稳态过程。下面着重研究稳态过程的振动。

由受迫振动的运动方程(4-44)知:虽然有阻尼存在,受简谐激振力作用的受迫振动仍然是简谐振动,其振动频率 ω 等于激振力的频率,其振幅表达式见式(4-45)。可以看到受迫振动的振幅不仅与激振力的力幅有关,还与激振力的频率及振动系统的参数 m、k 和阻力系数 c 有关。

为了清楚地表达受迫振动的振幅与其他因素的关系,我们将不同阻尼条件下的幅频关系用曲线表示出来,如图4-27所示。采用量纲为一的形式,横轴表示频率比 $s=\dfrac{\omega}{\omega_0}$,纵轴表示振幅比 $\beta=\dfrac{b}{b_0}$。阻尼的改变用阻尼比 $\zeta=\dfrac{c}{c_{\mathrm{cr}}}=\dfrac{\delta}{\omega_0}$ 的改变来表示。这样,式(4-45)和式(4-46)可写为

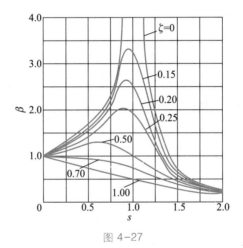

图 4-27

$$\beta=\frac{b}{b_0}=\frac{1}{\sqrt{(1-s^2)^2+4\zeta^2 s^2}} \qquad (4-48)$$

$$\tan\varepsilon=\frac{2\zeta s}{1-s^2} \qquad (4-49)$$

从式(4-45)和图4-27可以看出阻尼对振幅的影响程度与频率有关。

(1) 当 $\omega\ll\omega_0$ 时,阻尼对振幅的影响甚微,这时可忽略系统的阻尼而当做无阻尼受迫振动处理。

(2) 当 $\omega\to\omega_0$(即 $s\to1$)时,振幅显著增大。这时阻尼对振幅有明显的影响,即阻尼增大,振幅显著下降。

当 $\omega=\sqrt{\omega_0^2-2\delta^2}=\omega_0\sqrt{1-2\zeta^2}$ 时,振幅 b 具有最大值 $b_{\max}$,这时的频率 ω 称为共

振频率。在共振频率下的振幅为

$$b_{\max} = \frac{h}{2\delta\sqrt{\omega_0^2 - \delta^2}}$$

或

$$b_{\max} = \frac{b_0}{2\zeta\sqrt{1 - \zeta^2}}$$

在一般情况下,阻尼比 $\zeta \ll 1$,这时可以认为共振频率 $\omega = \omega_0$,即当激振力频率等于系统固有频率时,系统发生共振,共振的振幅为

$$b_{\max} \approx \frac{b_0}{2\zeta}$$

（3）当 $\omega \gg \omega_0$ 时,阻尼对受迫振动的振幅影响较小,这时可以忽略阻尼,将系统当作无阻尼系统处理。

由式（4-44）知,有阻尼受迫振动的相位角总比激振力落后一个相位角 ε,ε 称为相位差。式（4-46）表达了相位差 ε 随简谐激振力频率的变化关系。根据式（4-49）可以画出相位差 ε 随激振力频率的变化曲线（相频曲线）,如图 4-28 所示。由图中曲线可以看到:相位差总是在 0° 至 180° 区间变化,是一单调上升的曲线。共振时,$\dfrac{\omega}{\omega_0} = 1$,$\varepsilon = 90°$,阻尼值不同的曲线都交于这一点。当越过共振区之后,随着频率 ω 的增加,相位差趋近 180°,这时激振力与位移反相位。

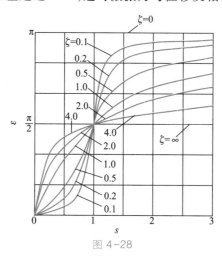

图 4-28

例 4-12　图 4-29 所示为一无重刚杆,其一端铰支,距铰支端 l 处有一质量为 m 的质点,距 $2l$ 处有一阻尼器,其阻力系数为 c,距 $3l$ 处有一刚度系数为 k 的弹簧,并作用一简谐激振力 $F = F_0\sin\omega t$。刚杆在水平位置平衡,试列出系统的振动微分方程,并求系统的固有频率 ω_0,以及当简谐激振力频率 ω 等于 ω_0 时质点的振幅。

动画
例 4-12

解：设刚杆在振动时的摆角为 θ，由刚体定轴转动微分方程可建立系统的振动微分方程为

$$ml^2\ddot{\theta} = -4cl^2\dot{\theta} - 9kl^2\theta + 3F_0 l\sin\omega t$$

整理后得

$$\ddot{\theta} + \frac{4c}{m}\dot{\theta} + \frac{9k}{m}\theta = \frac{3F_0}{ml}\sin\omega t$$

令

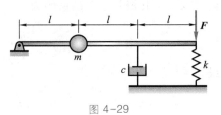

图 4-29

$$\omega_0 = \sqrt{\frac{9k}{m}}, \quad \delta = \frac{2c}{m}, \quad h = \frac{3F_0}{ml}$$

ω_0 即系统的固有频率，当 $\omega = \omega_0$ 时，其摆角 θ 的振幅可由式(4-45)求出，即

$$b = \frac{h}{2\delta\omega_0} = \frac{3F_0}{4c\omega_0 l} = \frac{F_0}{4cl}\sqrt{\frac{m}{k}}$$

这时质点的振幅为

$$B = lb = \frac{F_0}{4c}\sqrt{\frac{m}{k}}$$

§4-6 转子的临界转速

工程中的回转机械，如涡轮机、电机等，在运转时经常由于转轴的弹性和转子偏心而发生振动。当转速增至某个特定值时，振幅会突然加大，振动异常激烈，当转速超过这个特定值时，振幅又会很快减小。使转子发生激烈振动的特定转速称为临界转速。现以单圆盘转子为例，说明这种现象。

图 4-30a 所示的单圆盘转子垂直地安装在无质量的弹性转轴上。设圆盘的质量为 m，质心为 C，点 A 为圆盘与转轴的交点，偏心距 $AC = e$。圆盘与转轴一起以匀角速度 ω 转动时，由于惯性力的影响，转轴将发生弯曲而偏离原固定的几何轴线 z 轴。设点 O 为 z 轴与圆盘的交点，$r_A = OA$ 为转轴上点 A 的挠度(变形)，如图 4-30b 的俯视图所示。

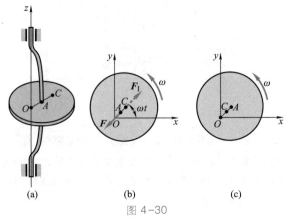

图 4-30

设转轴安装于圆盘的中点,当转轴弯曲时,圆盘仍在自身平面内绕点 O 匀速转动。圆盘惯性力的合力 F_1 通过质心,背离轴心点 O,大小为 $F_1 = m\omega^2 \cdot OC$。作用于圆盘上的恢复力 F 指向轴心点 O,大小为 $F = kr_A$,k 为转轴的刚度系数。由达朗贝尔原理,惯性力 F_1 与恢复力 F 相互平衡,因而点 O、A、C 应在同一直线上,且有

$$kr_A = m\omega^2 \cdot OC = m\omega^2(r_A + e) \tag{4-50}$$

由此解出点 A 挠度为

$$r_A = \frac{m\omega^2 e}{k - m\omega^2} \tag{4-51}$$

以 m 除上式的分子与分母,并注意 $\sqrt{\dfrac{k}{m}} = \omega_0$ 为此系统的固有频率,则上式为

$$r_A = \frac{\omega^2 e}{\omega_0^2 - \omega^2} \tag{4-52}$$

上式中 ω_0、e 为定值,当转动角速度 ω 从 0 逐渐增大时,挠度 r_A 也逐渐增大,当 $\omega = \omega_0$ 时,r_A 趋于无穷大。实际上由于阻尼和非线性刚度的影响,r_A 为一很大的有限值。使转轴挠度异常增大的转动角速度称为临界角速度,记为 ω_{cr},它等于系统的固有频率 ω_0;此时的转速称为临界转速,记为 n_{cr}。

当 $\omega > \omega_{cr}$ 时,式(4-52)为负值,习惯上挠度取正值,r_A 取其绝对值;ω 再增大时,挠度 r_A 迅速减小而趋于定值 e(偏心距),如图 4-31 所示。此时质心位于点 A 与点 O 之间,如图 4-30c 所示。当 $\omega \gg \omega_{cr}$ 时,$r_A \approx e$,这时质心 C 与轴心点 O 趋于重合,即圆盘绕质心 C 转动,这种现象称为自动定心现象。

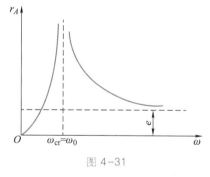

图 4-31

偏心转子转动时,由于惯性力作用,弹性转轴将发生弯曲而绕原几何轴线转动,称"弓状回转"。此时转轴对轴承压力的方向是周期性变化的,这个力作用在机器上,将使机器发生振动。当转子的角速度接近临界角速度,也就是接近系统的固有频率时,转轴的变形和惯性力都急剧增大,对轴承作用很大的动压力,机器将发生剧烈的振动。所以,在一般情况下,转子不允许在临界转速下运转,只能在远低于或远高于临界转速下运行。

§4-7 隔 振

工程中,振动现象是不可避免的,因为有许多回转机械中的转子不可能达到绝对"平衡",往复机械的惯性力更无法平衡,这些都是产生振动的来源。对这些不

可避免的振动只能采用各种方法进行隔振或减振。将振源与需要防振的物体之间用弹性元件和阻尼元件进行隔离,这种措施称为隔振。使振动物体的振动减弱的措施称为减振,某些减振措施将在§4-9中叙述。

隔振分为主动隔振和被动隔振两类。

1. 主动隔振

主动隔振是将振源与支持振源的基础隔离开来。例如,图4-32所示电动机为一振源,在电动机与基础之间用橡胶块隔离开来,以减弱通过基础传到周围物体上的振动。

图4-33所示为主动隔振的简化模型。由振源产生的激振力$F(t)=H\sin \omega t$作用在质量为m的物块上,物块m与基础之间用刚度系数为k的弹簧和阻力系数为c的阻尼元件进行隔离。

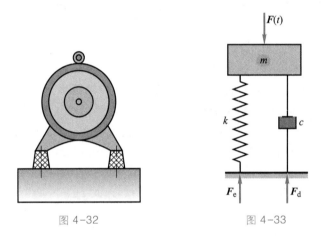

图 4-32　　　　　　　　　　图 4-33

按有阻尼受迫振动的理论,物块的振幅为

$$b=\frac{h}{\sqrt{(\omega_0^2-\omega^2)^2+4\delta^2\omega^2}}=\frac{b_0}{\sqrt{(1-s^2)^2+4\zeta^2 s^2}}$$

物块振动时传递到基础上的力由两部分合成,一部分是由于弹簧变形而作用于基础上的力,即

$$F_e=kx=kb\sin(\omega t-\varepsilon)$$

另一部分是通过阻尼元件作用于基础的力,即

$$F_d=c\dot{x}=cb\omega\cos(\omega t-\varepsilon)$$

这两部分力相位差为90°,而频率相同,由物理中振动合成的知识知道,它们可以合成为一个同频率的合力,合力的最大值为

$$F_{Nmax}=\sqrt{F_{emax}^2+F_{dmax}^2}=\sqrt{(kb)^2+(cb\omega)^2}$$

或改写为

$$F_{Nmax} = kb\sqrt{1+4\zeta^2 s^2}$$

F_{Nmax} 是振动时传递给基础的力的最大值,它与激振力的力幅 H 之比为

$$\eta = \frac{F_{Nmax}}{H} = \sqrt{\frac{1+4\zeta^2 s^2}{(1-s^2)^2 + 4\zeta^2 s^2}} \qquad (4-53)$$

η 称为力的传递率。上式表明力的传递率与阻尼和激振频率有关。图 4-34 是在不同阻尼情况下力的传递率 η 与频率比 s 之间的关系曲线。

由力的传递率 η 的定义可知,只有当 $\eta<1$ 时,隔振才有意义。又从图 4-34 可见,只有当频率比 $s>\sqrt{2}$,即 $\omega>\sqrt{2}\omega_0$ 时,有 $\eta<1$,才能达到隔振的目的。为了起到较好的隔振效果,要求系统的固有频率 ω_0 越小越好,为此,必须选用刚度系数小的弹簧作为隔振弹簧。由图 4-34 可见,当 $s>\sqrt{2}$ 时,加大阻尼反而使振幅增大,降低隔振效果。但是阻尼太小,机器在越过共振区时又会产生很大的振动,因此在采取隔振措施时,要选择恰当的阻尼值。

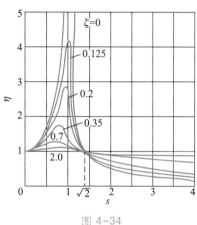

图 4-34

2. 被动隔振

将需要防振的物体与振源隔开称为被动隔振。例如,在精密仪器的底下垫上橡皮或泡沫塑料,将放置在汽车上的测量仪器用橡皮绳吊起来等。

图 4-35 为一被动隔振的简化模型。物块表示被隔振的物体,其质量为 m;弹簧和阻尼器表示隔振元件,弹簧的刚度系数为 k,阻尼器的阻力系数为 c。设地基振动为简谐振动,即

$$x_1 = d\sin\omega t$$

由于地基振动将引起搁置在其上物体的振动,这种激振称为位移激振。设物块的振动位移为 x,则作用在物块上的弹性力为 $-k(x-x_1)$,阻尼力为 $-c(\dot{x}-\dot{x}_1)$,质点运动微分方程为

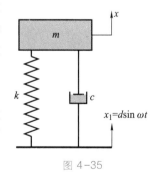

图 4-35

$$m\ddot{x} = -k(x-x_1) - c(\dot{x}-\dot{x}_1)$$

整理得

$$m\ddot{x} + c\dot{x} + kx = kx_1 + c\dot{x}_1$$

将 x_1 的表达式代入,得

$$m\ddot{x} + c\dot{x} + kx = kd\sin\omega t + c\omega d\cos\omega t$$

将上述方程右端的两个同频率的简谐振动合成为一项,得

$$m\ddot{x} + c\dot{x} + kx = H\sin(\omega t + \theta) \tag{4-54}$$

其中

$$H = d\sqrt{k^2 + c^2\omega^2}, \quad \theta = \arctan\frac{c\omega}{k}$$

设上述方程的特解(稳态振动)为

$$x = b\sin(\omega t - \varepsilon)$$

将上式代入式(4-54)中,得

$$b = d\sqrt{\frac{k^2 + c^2\omega^2}{(k - m\omega^2)^2 + c^2\omega^2}} \tag{4-55}$$

写成量纲为一的形式,有

$$\eta' = \frac{b}{d} = \sqrt{\frac{1 + 4\zeta^2 s^2}{(1 - s^2)^2 + 4\zeta^2 s^2}} \tag{4-56}$$

其中,η'是振动物体的位移与地基激振位移之比,称为位移的传递率。注意,上式与式(4-53)完全相同,所以位移的传递率曲线与力的传递率曲线(图4-34)相同。因此,在被动隔振问题中,对隔振元件的要求与主动隔振是一样的。

例 4-13 图 4-36 所示为一汽车在波形路面行走的力学模型。路面的波形可以用 $y_1 = d\sin\frac{2\pi}{l}x$ 表示,其中振幅 $d = 25$ mm,波长 $l = 5$ m。汽车的质量为 $m = 3\,000$ kg,弹簧刚度系数为 $k = 294$ kN/m。忽略阻尼,求汽车以速度 $v = 45$ km/h 匀速前进时,车体的垂直振幅和汽车的临界速度。

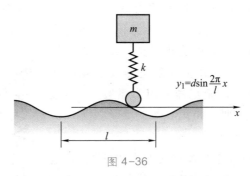

图 4-36

解:因汽车匀速行驶,则行驶位移为

$$x = vt$$

若以汽车起始位置为坐标原点,则路面波形方程可以写为

$$y_1 = d\sin\frac{2\pi}{l}x = d\sin\left(\frac{2\pi v}{l}t\right)$$

令 $\omega = \dfrac{2\pi v}{l}$,则

$$y_1 = d\sin \omega t$$

其中,ω 相当于位移激振频率,将速度 $v = 45 \text{ km/h} = 12.5 \text{ m/s}$ 代入,求得

$$\omega = \frac{2\pi v}{l} = \frac{2\pi \times 12.5 \text{ m/s}}{5 \text{ m}} = 5\pi \text{ rad/s}$$

系统的固有频率为

$$\omega_0 = \sqrt{\frac{k}{m}} = \sqrt{\frac{294 \text{ N/m} \times 1\,000}{3\,000 \text{ kg}}} = 9.9 \text{ rad/s}$$

激振频率与固有频率的频率比为

$$s = \frac{\omega}{\omega_0} = \frac{5\pi}{9.9} = 1.59$$

由式(4-56)求得位移的传递率为

$$\eta' = \frac{b}{d} = \sqrt{\frac{1}{(1-s^2)^2}} = 0.65$$

因此振幅为

$$b = \eta' d = 0.65 \times 25 \text{ mm} = 16.25 \text{ mm}$$

当 $\omega = \omega_0$ 时系统发生共振,有

$$\omega = \frac{2\pi v_{\text{cr}}}{l} = \omega_0$$

解得临界速度为

$$v_{\text{cr}} = \frac{l\omega_0}{2\pi} = \frac{5 \text{ m} \times 9.9 \text{ rad/s}}{2\pi} = 7.88 \text{ m/s} = 28.4 \text{ km/h}$$

§4-8 两个自由度系统的自由振动

根据实际情况和要求,同一物体的振动可以简化为不同的振动模型。例如,图 4-37a 所示汽车,如果只研究汽车车身作为刚体的上下平移的振动,那么只要简化为一个自由度系统就可以了。如果还要研究车身在铅垂面内相对重心的摆动,那么必须简化为两个自由度的模型,如图 4-37b 所示。如果再要研究车身的左右晃动,那就要简化为多个自由度的模型了。本书只讨论两个自由度系统的振动。

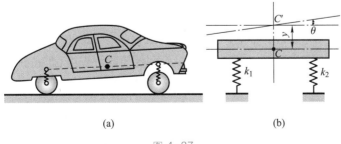

(a)   (b)

图 4-37

先讨论两个自由度系统的无阻尼自由振动。图 4-38a 所示的两个自由度的振动系统，两个物块质量分别为 m_1 和 m_2，质量 m_1 与一端固定的刚度系数为 k_1 的弹簧连接，质量 m_2 用刚度系数为 k_2 的弹簧与 m_1 连接。物块可以在水平方向运动，摩擦等阻力都忽略不计。

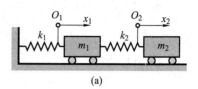

图 4-38

现建立系统的振动微分方程。选取两物块的平衡位置 O_1、O_2 分别为两物块的坐标原点，取两物块离平衡位置的位移 x_1 和 x_2 为系统的坐标。在平衡位置上两弹簧的恢复力为零，当系统发生运动时，两物体所受的弹性力如图 4-38b 所示。两物块的运动微分方程可列出如下：

$$m_1 \ddot{x}_1 = -k_1 x_1 + k_2 (x_2 - x_1)$$
$$m_2 \ddot{x}_2 = -k_2 (x_2 - x_1)$$

移项后得

$$\left. \begin{aligned} m_1 \ddot{x}_1 + (k_1 + k_2) x_1 - k_2 x_2 = 0 \\ m_2 \ddot{x}_2 - k_2 x_1 + k_2 x_2 = 0 \end{aligned} \right\} \tag{4-57}$$

上式是一个二阶线性齐次微分方程组。

为简化上式，令

$$b = \frac{k_1 + k_2}{m_1}, \quad c = \frac{k_2}{m_1}, \quad d = \frac{k_2}{m_2}$$

于是式（4-57）可改写为

$$\ddot{x}_1 + b x_1 - c x_2 = 0, \quad \ddot{x}_2 - d x_1 + d x_2 = 0 \tag{4-58}$$

根据微分方程理论，可设上列方程组的解为

$$x_1 = A \sin(\omega t + \theta), \quad x_2 = B \sin(\omega t + \theta) \tag{4-59}$$

其中，A、B 是振幅，ω 为角频率，θ 为初相角。将式（4-59）代入式（4-58）得

$$-A \omega^2 \sin(\omega t + \theta) + b A \sin(\omega t + \theta) - c B \sin(\omega t + \theta) = 0$$
$$-B \omega^2 \sin(\omega t + \theta) - d A \sin(\omega t + \theta) + d B \sin(\omega t + \theta) = 0$$

整理后得

$$(b - \omega^2) A - c B = 0, \quad -d A + (d - \omega^2) B = 0 \tag{4-60}$$

式（4-60）是关于振幅 A、B 的二元一次齐次代数方程组，此式有零解 $A = B = 0$，这相当于系统在平衡位置静止不动。系统发生振动时，方程具有非零解，则方程的系数行列式必须等于零，即

$$\begin{vmatrix} b - \omega^2 & -c \\ -d & d - \omega^2 \end{vmatrix} = 0 \tag{4-61}$$

此行列式称为**频率行列式**,展开行列式后得一代数方程:

$$\omega^4 - (b+d)\omega^2 + d(b-c) = 0 \tag{4-62}$$

上式是系统的本征方程,称为**频率方程**。频率方程是关于 ω^2 的一元二次代数方程,可解出它的两个根为

$$\omega_{1,2}^2 = \frac{b+d}{2} \mp \sqrt{\left(\frac{b+d}{2}\right)^2 - d(b-c)} \tag{4-63}$$

整理得

$$\omega_{1,2}^2 = \frac{b+d}{2} \mp \sqrt{\left(\frac{b-d}{2}\right)^2 + cd} \tag{4-63'}$$

由以上两式可见,ω^2 的两个根都是实数,而且都是正数。其中第一个根 ω_1 较小,称为第一固有频率;第二个根 ω_2 较大,称为第二固有频率。由此得出结论:两个自由度系统具有两个固有频率,这两个固有频率只与系统的质量和刚度等参数有关,而与振动的初始条件无关。

下面研究自由振动振幅的特点。将式(4-63′)的两个频率 ω_1 和 ω_2 分别代入式(4-60),可解出对应于频率 ω_1 的振幅为 A_1、B_1,对应于频率 ω_2 的振幅为 A_2、B_2。由式(4-60)和式(4-61)可以证明振幅 A、B 具有两组确定的比值,即对应于第一固有频率为

$$\frac{A_1}{B_1} = \frac{c}{b-\omega_1^2} = \frac{d-\omega_1^2}{d} = \frac{1}{\gamma_1} \tag{4-64}$$

对应于第二固有频率为

$$\frac{A_2}{B_2} = \frac{c}{b-\omega_2^2} = \frac{d-\omega_2^2}{d} = \frac{1}{\gamma_2} \tag{4-65}$$

其中,γ_1 和 γ_2 为比例常数。从上面两式可以看出:这两个常数只与系统的质量、刚度系数等参数有关。由此可见,对一确定的两个自由度系统,两组振幅 A 与 B 的比值是两个定值。对应于第一固有频率 ω_1 的振动称为**第一主振动**,它的运动规律为

$$x_1^{(1)} = A_1\sin(\omega_1 t + \theta_1), \quad x_2^{(1)} = \gamma_1 A_1\sin(\omega_1 t + \theta_1) \tag{4-66}$$

对应于第二固有频率 ω_2 的振动称为**第二主振动**,它的运动规律为

$$x_1^{(2)} = A_2\sin(\omega_2 t + \theta_2), \quad x_2^{(2)} = \gamma_2 A_2\sin(\omega_2 t + \theta_2) \tag{4-67}$$

将式(4-63′)代入式(4-64)和式(4-65)中,可得到各个主振动中两个物块的振幅比为

$$\gamma_1 = \frac{B_1}{A_1} = \frac{b-\omega_1^2}{c} = \frac{1}{c}\left[\frac{b-d}{2} + \sqrt{\left(\frac{b-d}{2}\right)^2 + cd}\right] > 0$$

$$\gamma_2 = \frac{B_2}{A_2} = \frac{b-\omega_2^2}{c} = \frac{1}{c}\left[\frac{b-d}{2} - \sqrt{\left(\frac{b-d}{2}\right)^2 + cd}\right] < 0$$

上两式说明，当系统做第一主振动时，振幅比 γ_1 为正，表示 m_1 和 m_2 总是同相位，即做同方向的振动；当系统做第二主振动时，振幅比 γ_2 为负，表示 m_1 和 m_2 反相位，即做反方向振动。对于图 4-39a 所示系统，图 4-39b 表示在第一主振动中振动的形状，称为第一主振型；图 4-39c 表示在第二主振动中振动的形状，称为第二主振型。在第二主振动中，由于 m_1 和 m_2 始终做反相振动，其位移 $x_1^{(2)}$ 和 $x_2^{(2)}$ 的比值为确定的比值，所以在弹簧 k_2 上始终有一点不发生振动，这一点称为节点。图 4-39c 中的点 C 就是始终不振动的节点。

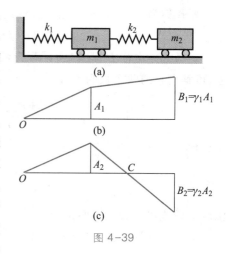

图 4-39

对于确定的系统，振幅比 γ_1 和 γ_2 只与系统的参数有关，是确定的值，所以各阶主振型具有确定的形状，即主振型和固有频率一样都只与系统本身的参数有关，而与振动的初始条件无关，因此主振型也叫固有振型。

根据微分方程理论，自由振动微分方程（4-57）的全解应为第一主振动（4-66）与第二主振动（4-67）的叠加，即

$$x_1 = A_1\sin(\omega_1 t+\theta_1)+A_2\sin(\omega_2 t+\theta_2)$$
$$x_2 = \gamma_1 A_1\sin(\omega_1 t+\theta_1)+\gamma_2 A_2\sin(\omega_2 t+\theta_2)$$

其中包含 4 个待定常数 A_1、A_2、θ_1 和 θ_2，它们应由运动的 4 个初始条件 x_{10}、x_{20}、$\dot{x}_{10}$ 和 $\dot{x}_{20}$ 确定。

由上式所表示的振动是由两个不同频率的简谐振动的合成振动。在一般情况下，它不是简谐振动，也不一定是周期振动，只有当两个简谐振动频率 ω_1 和 ω_2 之比是有理数时才是周期振动。

例 4-14 图 4-40 所示为一具有两个集中质量 m_1、m_2 的简支梁，在质量 m_1、m_2 处梁的影响系数分别为 λ_{11}、λ_{22} 和 $\lambda_{12}=\lambda_{21}$。梁的质量忽略不计，求系统的固有频率和主振型。

解：这是两个自由度的振动系统。

影响系数的定义是：λ_{11} 表示在集中质量 m_1 处作用单位力时在该处产生的静挠度；λ_{22} 表示在集中质量 m_2 处作用单位力时在该点产生的静挠度；λ_{12} 表示在集中质量 m_2 处作用单位力时在集中质量 m_1 处产生的静挠度，λ_{21} 的定义与 λ_{12} 相似。

设系统做自由振动时，m_1、m_2 的位移为 x_1、x_2，则 m_1 和 m_2 的惯性力分别为 $-m_1\ddot{x}_1$ 和 $-m_2\ddot{x}_2$。根据达朗贝尔原

动画
例 4-14.1

动画
例 4-14.2

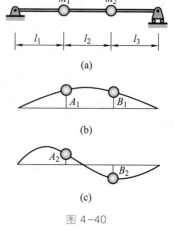

图 4-40

理和材料力学中的变形叠加原理,由两个惯性力在 m_1 和 m_2 处产生的挠度分别为

$$x_1 = \lambda_{11}(-m_1\ddot{x}_1) + \lambda_{12}(-m_2\ddot{x}_2)$$

$$x_2 = \lambda_{21}(-m_1\ddot{x}_1) + \lambda_{22}(-m_2\ddot{x}_2)$$

整理得系统的运动微分方程为

$$\left.\begin{array}{l} \lambda_{11}m_1\ddot{x}_1 + \lambda_{12}m_2\ddot{x}_2 + x_1 = 0 \\ \lambda_{21}m_1\ddot{x}_1 + \lambda_{22}m_2\ddot{x}_2 + x_2 = 0 \end{array}\right\} \qquad (a)$$

令

$$b = \frac{\lambda_{12}m_2}{\lambda_{11}m_1}, \quad c = \frac{\lambda_{21}m_1}{\lambda_{22}m_2}, \quad d = \frac{1}{\lambda_{11}m_1}, \quad e = \frac{1}{\lambda_{22}m_2} \qquad (b)$$

则式(a)可改写为

$$\ddot{x}_1 + b\ddot{x}_2 + dx_1 = 0, \quad c\ddot{x}_1 + \ddot{x}_2 + ex_2 = 0 \qquad (c)$$

设上述方程解的形式为

$$x_1 = A\sin(\omega t + \theta), \quad x_2 = B\sin(\omega t + \theta) \qquad (d)$$

将式(d)代入式(c),消去 $\sin(\omega t + \theta)$,得

$$(d - \omega^2)A - b\omega^2 B = 0, \quad -c\omega^2 A + (e - \omega^2)B = 0 \qquad (e)$$

频率方程为

$$\begin{vmatrix} d - \omega^2 & -b\omega^2 \\ -c\omega^2 & e - \omega^2 \end{vmatrix} = 0$$

将行列式展开,得

$$(1 - bc)\omega^4 - (d + e)\omega^2 + ed = 0$$

解此代数方程,得到关于频率 ω^2 的两个根为

$$\omega^2_{1,2} = \frac{(d + e) \mp \sqrt{(d + e)^2 - 4(1 - cb)de}}{2(1 - cb)} \qquad (f)$$

整理得

$$\omega^2_{1,2} = \frac{(d + e) \mp \sqrt{(d - e)^2 + 4bcde}}{2(1 - cb)} \qquad (g)$$

可以证明 ω^2 的两个根都是正实根,ω_1 和 ω_2 为系统的两个固有频率。

若将两个固有频率 ω_1 和 ω_2 分别代入式(e)中,则可分别求出对应于两个频率的振幅 A_1、B_1 和 A_2、B_2。从而可得其振幅比为

$$\frac{A_1}{B_1} = \frac{b\omega_1^2}{d - \omega_1^2} = \frac{e - \omega_1^2}{c\omega_1^2} = \frac{1}{\gamma_1} \qquad (h)$$

$$\frac{A_2}{B_2} = \frac{b\omega_2^2}{d - \omega_2^2} = \frac{e - \omega_2^2}{c\omega_2^2} = \frac{1}{\gamma_2} \qquad (i)$$

同样可证明 $\gamma_1 > 0$ 和 $\gamma_2 < 0$。这样可以画出第一主振型和第二主振型,如图4-40b、c所示。

如图4-40所示的梁,设 $m_1 = m_2 = m$,$l_1 = l_3 = \dfrac{l}{4}$,$l_2 = \dfrac{l}{2}$,则根据材料力学公式可计算出

$$\lambda_{11} = \lambda_{22} = \frac{9l^3}{768EI}, \quad \lambda_{12} = \lambda_{21} = \frac{7l^3}{768EI}$$

其中,EI 为梁截面的弯曲刚度。将上式代入式(b)得

$$c = b = \frac{7}{9}, \quad e = d = \frac{768EI}{9ml^3}$$

再将上述表达式代入式（g）中，得

$$\omega_1 = 6.928\sqrt{\frac{EI}{ml^3}}, \quad \omega_2 = 19.596\sqrt{\frac{EI}{ml^3}}$$

再由式（h）和式（i）解得振幅比为

$$\gamma_1 = \frac{B_1}{A_1} = 1, \quad \gamma_2 = \frac{B_2}{A_2} = -1$$

这时，梁对于其中点具有对称和反对称的两个主振型。

例 4-15 一均质细杆质量为 m，长为 l，由两个刚度系数皆为 k 的弹簧对称支承，如图 4-41 所示。试求此系统的固有频率和固有振型。

解：以平衡位置为原点，只考虑铅垂方向位移，分别以弹簧的两个支点的位移 x_1 和 x_2 为系统的两个坐标，如图 4-41 所示。由前面的分析可知，如以平衡位置为坐标原点，可以不计重力影响。在任意位置处细杆受到的两个恢复力与位移 x_1、x_2 方向相反，大小为

$$F_1 = kx_1, \quad F_2 = kx_2$$

此时，细杆的质心坐标为

$$x_c = \frac{1}{2}(x_1 + x_2) \qquad (a)$$

细杆绕质心 C 的微小转角为

$$\varphi = \frac{1}{d}(x_1 - x_2) \qquad (b)$$

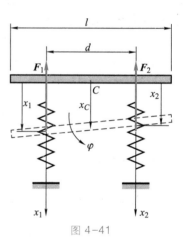

图 4-41

列出细杆的平面运动微分方程：

$$m\ddot{x}_c = -F_1 - F_2 = -k(x_1 + x_2)$$

$$J_C\ddot{\varphi} = -F_1 \times \frac{d}{2} + F_2 \times \frac{d}{2} = -k \times \frac{d}{2}\varphi d$$

将式（a）和式（b）代入以上两式，注意 $J_C = \dfrac{ml^2}{12}$，则可整理为

$$\ddot{x}_1 + \ddot{x}_2 + bx_1 + bx_2 = 0, \quad \ddot{x}_1 - \ddot{x}_2 + cx_1 - cx_2 = 0 \qquad (c)$$

其中

$$b = \frac{2k}{m}, \quad c = \frac{6kd^2}{ml^2}$$

只求系统的固有频率和固有振型时，可取振动的初相角 $\theta = 0$，而设式（c）的解为

$$x_1 = A\sin\omega t, \quad x_2 = B\sin\omega t \qquad (d)$$

将式（d）代入式（c），消去 $\sin\omega t$，得

$$(b - \omega^2)(A + B) = 0, \quad (c - \omega^2)(A - B) = 0 \qquad (e)$$

由式（e）可见，若要 A、B 有非零解，必须有

$$\omega_1^2 = b = \frac{2k}{m}, \quad \omega_2^2 = c = \frac{6kd^2}{ml^2} \qquad (f)$$

ω_1、ω_2 就是此系统的两个固有频率。

当 $\omega_1^2 = b$ 时,为使式(e)中两个方程都满足,应有 $A_1 = B_1$,这时对应于细杆上下平移的固有振型;当 $\omega_2^2 = c$ 时,为使式(e)中两个方程都满足,应有 $A_2 = -B_2$,这时对应于质心不动而绕质心转动的固有振型。

如果直接取质心位移 x_C 和绕质心的转角 φ 为系统的两个独立坐标,则细杆的平面运动微分方程为

$$m\ddot{x}_C = -2kx_C, \quad J_C\ddot{\varphi} = -k\frac{d}{2}\varphi d = -\frac{kd^2}{2}\varphi \tag{g}$$

上式是对 x_C 和 φ 互相独立的两个微分方程。由式(g)很容易得到与式(f)相同的两个固有频率 ω_1 和 ω_2,而随同质心的平移位移 x_C 和绕质心转动的角位移 φ 也就是此系统的两个固有振型。x_C 和 φ 称为此系统的两个主坐标,对于任意两个自由度的振动系统,都可以找出两个主坐标,可使系统的运动微分方程写成互不相关的两个方程。然而,一般情况下,系统的主坐标并不是显而易见的。

例 4-16 图 4-42 所示小车,其质量为 $m_1 = 2\,220$ kg,在质心 A 处用绳悬挂一重物 B,其质量为 $m_2 = 2\,040$ kg。绳长 $l = 14$ m,左侧是一缓冲弹簧,其刚度系数 $k = 852.6$ kN/m。设绳和弹簧质量均忽略不计,当小车连同重物 B 以匀速度 $v_0 = 1$ m/s 碰上缓冲弹簧后,求小车和重物的运动。

解:小车和重物组成的系统具有两个自由度。选小车的水平位移 x 和绳 AB 偏离铅垂线的角度 φ 为广义坐标,正向如图所示。当小车刚和缓冲弹簧接触时,有 $t = 0$,$x = 0$,$v = v_0$ 和 $\varphi = 0$。

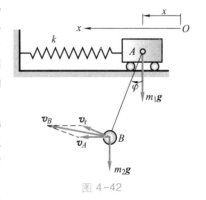

例 4-16

图 4-42

应用拉格朗日方程建立系统的运动微分方程。视小车和重物为两个质点,则系统动能为

$$T = \frac{1}{2}m_1 v_A^2 + \frac{1}{2}m_2 v_B^2$$

其中,$v_A = \dot{x}$,v_B 等于牵连速度 $\boldsymbol{v}_A$ 与相对速度 $\boldsymbol{v}_r (v_r = l\dot{\varphi})$ 的几何和,即

$$v_B^2 = v_A^2 + v_r^2 + 2v_A v_r \cos\varphi$$
$$= \dot{x}^2 + l^2\dot{\varphi}^2 + 2\dot{x}l\dot{\varphi}\cos\varphi$$

因此动能为

$$T = \frac{1}{2}(m_1 + m_2)\dot{x}^2 + \frac{1}{2}m_2(l^2\dot{\varphi}^2 + 2l\dot{\varphi}\dot{x}\cos\varphi)$$

系统的势能等于弹簧势能与重力势能的和,即

$$V = \frac{1}{2}kx^2 + m_2 gl(1-\cos\varphi)$$

由此得

$$\frac{\partial T}{\partial\varphi} = -m_2 l\dot{\varphi}\dot{x}\sin\varphi, \quad \frac{\partial T}{\partial\dot{\varphi}} = m_2(l^2\dot{\varphi} + l\dot{x}\cos\varphi)$$

$$\frac{\mathrm{d}}{\mathrm{d}t}\left(\frac{\partial T}{\partial \dot{\varphi}}\right) = m_2 l(l\ddot{\varphi} + \ddot{x}\cos\varphi - \dot{x}\dot{\varphi}\sin\varphi), \quad \frac{\partial V}{\partial \varphi} = m_2 gl\sin\varphi$$

$$\frac{\partial T}{\partial x} = 0, \quad \frac{\partial T}{\partial \dot{x}} = (m_1 + m_2)\dot{x} + m_2 l\dot{\varphi}\cos\varphi$$

$$\frac{\mathrm{d}}{\mathrm{d}t}\left(\frac{\partial T}{\partial \dot{x}}\right) = (m_1 + m_2)\ddot{x} + m_2 l\ddot{\varphi}\cos\varphi - m_2 l\dot{\varphi}^2\sin\varphi, \quad \frac{\partial V}{\partial x} = kx$$

将以上结果代入拉格朗日方程中,并考虑在微幅振动条件下,偏角 φ 很小,可近似地认为 $\sin\varphi = \varphi, \cos\varphi = 1$,并略去 $\dot{\varphi}^2$ 项,则得到如下线性微分方程组:

$$\left.\begin{array}{r}(m_1 + m_2)\ddot{x} + m_2 l\ddot{\varphi} + kx = 0 \\ \ddot{x} + l\ddot{\varphi} + g\varphi = 0\end{array}\right\} \tag{a}$$

设上述方程组的解为

$$x = A\sin(\omega t + \theta), \quad \varphi = B\sin(\omega t + \theta) \tag{b}$$

将所设解式(b)代入式(a)中,并令 $m = m_1 + m_2$,经整理后得

$$(k - m\omega^2)A - m_2 l\omega^2 B = 0, \quad -\omega^2 A + (g - l\omega^2)B = 0 \tag{c}$$

由此得频率方程为

$$(k - m\omega^2)(g - l\omega^2) - m_2 l\omega^2\omega^2 = 0$$

或

$$\omega^4 - \frac{mg + kl}{m_1 l}\omega^2 + \frac{kg}{m_1 l} = 0$$

令

$$\frac{mg + kl}{m_1 l} = b, \quad \frac{kg}{m_1 l} = c$$

得

$$\omega^4 - b\omega^2 + c = 0$$

解得

$$\omega_1^2 = \frac{b}{2} - \sqrt{\left(\frac{b}{2}\right)^2 - c}, \quad \omega_2^2 = \frac{b}{2} + \sqrt{\left(\frac{b}{2}\right)^2 - c}$$

代入题设数据,得系统的两个固有频率为

$$\omega_1 \approx 0.836 \text{ rad/s}, \quad \omega_2 \approx 19.6 \text{ rad/s}$$

代入式(c)得两振幅比值为

$$\lambda_1 = \frac{B_1}{A_1} = \frac{k - m\omega_1^2}{m_2 l\omega_1^2} = \frac{\omega_1^2}{g - l\omega_1^2} = 42.5$$

$$\lambda_2 = \frac{B_2}{A_2} = \frac{k - m\omega_2^2}{m_2 l\omega_2^2} = \frac{\omega_2^2}{g - l\omega_2^2} = -0.071\ 5$$

系统的两个主振动为

$$\left.\begin{array}{l}x_1 = A_1\sin(\omega_1 t + \theta_1), \quad \varphi_1 = \lambda_1 A_1\sin(\omega_1 t + \theta_1) \\ x_2 = A_2\sin(\omega_2 t + \theta_2), \quad \varphi_2 = \lambda_2 A_2\sin(\omega_2 t + \theta_2)\end{array}\right\} \tag{d}$$

系统的振动规律为

$$x = A_1 \sin(\omega_1 t + \theta_1) + A_2 \sin(\omega_2 t + \theta_2)$$
$$\varphi = \lambda_1 A_1 \sin(\omega_1 t + \theta_1) + \lambda_2 A_2 \sin(\omega_2 t + \theta_2)$$

(e)

现在来确定 A_1、A_2、θ_1 和 θ_2 4 个数值。将式(e)取一阶导数得

$$\dot{x} = A_1 \omega_1 \cos(\omega_1 t + \theta_1) + A_2 \omega_2 \cos(\omega_2 t + \theta_2)$$
$$\dot{\varphi} = \lambda_1 A_1 \omega_1 \cos(\omega_1 t + \theta_1) + \lambda_2 A_2 \omega_2 \cos(\omega_2 t + \theta_2)$$

(f)

由题设条件知:$t = 0$ 时,$x_0 = 0$,$\varphi_0 = 0$,$\dot{x}_0 = v_0 = 1 \text{ m/s}$,$\dot{\varphi}_0 = 0$。将它们代入式(e)和式(f)中,解得

$$\theta_1 = \theta_2 = 0$$

$$A_1 = \frac{v_0 \lambda_2}{\omega_1 (\lambda_2 - \lambda_1)} = 0.002, \quad A_2 = -\frac{v_0 \lambda_1}{\omega_2 (\lambda_2 - \lambda_1)} = 0.051$$

因此,小车和重物的运动规律为

$$x = 0.002 \sin 0.836t + 0.051 \sin 19.6t$$

$$\varphi = 0.085 \sin 0.836t - 0.003\,6 \sin 19.6t$$

其中,x 以 m 计,t 以 s 计,φ 以 rad 计。

§4-9 两个自由度系统的受迫振动·动力减振器

图 4-43 所示是一个无阻尼系统,在主质量 m_1 上作用有激振力 $H \sin \omega t$。小质量 m_2 以刚度系数为 k_2 的弹簧与主质量连接,可用来减小 m_1 的振动,称为动力减振器。

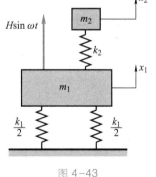

用 x_1 和 x_2 表示 m_1 和 m_2 两个质量相对于各自平衡位置的位移,可建立两个质量的运动微分方程为

$$m_1 \ddot{x}_1 = -k_1 x_1 + k_2 (x_2 - x_1) + H \sin \omega t$$
$$m_2 \ddot{x}_2 = -k_2 (x_2 - x_1)$$

令

$$b = \frac{k_1 + k_2}{m_1}, \quad c = \frac{k_2}{m_1}, \quad d = \frac{k_2}{m_2}, \quad h = \frac{H}{m_1} \qquad (4\text{-}68)$$

则上式可简化为

$$\left.\begin{array}{l} \ddot{x}_1 + b x_1 - c x_2 = h \sin \omega t \\ \ddot{x}_2 - d x_1 + d x_2 = 0 \end{array}\right\} \qquad (4\text{-}69)$$

图 4-43

与单自由度系统的受迫振动相似,上述方程的全解应由其齐次方程的通解及其特解组成,其中通解就是上一节的自由振动,在阻尼作用下将很快衰减掉。因而下面着重分析其特解,即受迫振动部分。设上述方程的一组特解为

$$x_1 = A \sin \omega t, \quad x_2 = B \sin \omega t \qquad (4\text{-}70)$$

式中,A、B 为 m_1 和 m_2 的振幅,是待定常数。将上式代入方程(4-69)中得

$$(b - \omega^2) A - cB = h, \quad -dA + (d - \omega^2) B = 0$$

解上述代数方程组得

$$A = \frac{h(d-\omega^2)}{(b-\omega^2)(d-\omega^2)-cd}$$

$$B = \frac{hd}{(b-\omega^2)(d-\omega^2)-cd}$$

(4-71)

由上式和式(4-70)可见,此振动系统中两个物体的受迫振动都是简谐振动,其频率都等于激振力的频率 ω。受迫振动的两个振幅由式(4-71)确定,它们都与激振力的大小、激振力的频率和系统的参数有关。

下面分析受迫振动的振幅与激振力频率之间的关系。

(1)当激振力频率 $\omega \to 0$ 时,周期 $T \to \infty$,表示激振力变化极其缓慢,实际上相当于静力作用。可从式(4-71)解得

$$A = B = \frac{h}{b-c} = \frac{H}{k_1} = b_0 \tag{4-72}$$

式中,b_0 相当于在力的大小等于力幅 H 的作用下主质量 m_1 的静位移,这时两个质量有相同的位移。

(2)系统的频率方程为

$$\begin{vmatrix} b-\omega_0^2 & -c \\ -d & d-\omega_0^2 \end{vmatrix} = (b-\omega_0^2)(d-\omega_0^2)-cd = 0 \tag{4-73}$$

由此可解得系统的固有频率 ω_1 和 ω_2。而式(4-71)的分母部分和式(4-73)相同,所以当激振力频率 $\omega = \omega_1$ 或 $\omega = \omega_2$ 时,振幅 A 和 B 都成为无穷大,即系统发生共振。由此可见两个自由度系统有两个共振频率。

(3)由式(4-71)有 $\dfrac{A}{B} = \dfrac{d-\omega^2}{d}$,即两物块振幅之比与干扰力频率有关,不再是自由振动的主振型。但是,当 $\omega = \omega_1$ 或 ω_2 时,$\dfrac{A}{B} = \dfrac{d-\omega_1^2}{d}$ 或 $\dfrac{d-\omega_2^2}{d}$,与式(4-64)或式(4-65)相同。这表明,当系统发生各阶共振时,受迫振动的形式就是各阶主振型。应用这个特点,可以通过实验逐渐改变激振力频率,当发生共振时,激振力频率就等于固有频率,此时的振型就是固有振型。严格讲,由于实际系统中都有阻尼,不可能实现无阻尼的共振,而且当 $\omega = \omega_1$ 或 ω_2 时,式(4-71)的分母为零,没有意义,受迫振动的特解不再是式(4-70)的形式,因而上述实验测定的固有频率和振型也只能是近似的。

(4)为了清楚地表示系统受迫振动振幅与激振力频率之间的关系,可举一个例子,画出两个物体的幅频曲线。设图 4-43 所示系统中,$k_1 = k_2$,$m_1 = 2m_2$,由式(4-68)有 $b = d = 2\omega_0^2$,$c = \omega_0^2$,其中,$\omega_0 = \sqrt{\dfrac{k_1}{m_1}}$ 是没有 m_2 时,主质量系统的固有频率。

由式(4-73)可计算出两个固有频率为

$$\omega_1^2 = 0.586\omega_0^2, \quad \omega_2^2 = 3.41\omega_0^2$$

由式(4-71)和 $b_0 = \dfrac{H}{k_1}$,可得两物块的振幅比为

$$\alpha = \frac{A}{b_0} = \frac{(b-c)(1-\omega^2/d)}{b(1-\omega^2/b)(1-\omega^2/d)-c} = \frac{1-\dfrac{1}{2}\left(\dfrac{\omega}{\omega_0}\right)^2}{2\left[1-\dfrac{1}{2}\left(\dfrac{\omega}{\omega_0}\right)^2\right]^2-1}$$

$$\beta = \frac{B}{b_0} = \frac{1}{2\left[1-\dfrac{1}{2}\left(\dfrac{\omega}{\omega_0}\right)^2\right]^2-1}$$

振幅比 α、β 随频率比 ω/ω_0 变化的关系曲线如图 4-44 所示。由图可知,当 $\omega=0$ 时,$\alpha=\beta=1$,即 $A=B=b_0$。当 ω 增大时,两个物体的振幅也随着增大,在 ω 等于第一个固有频率 ω_1 时,振幅 A、B 均趋于无穷大,即发生共振。在这段区间内,两个振幅均为正值,即振动位移与激振力同相位。

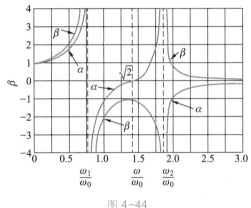

图 4-44

当 ω 比 ω_1 略大时,振幅 A、B 仍很大,但均为负值,即振动位移与激振力反相位。再继续增大 ω 值时,振幅 A、B 均减小;一直到 $\omega=\sqrt{d}=\sqrt{\dfrac{k_2}{m_2}}$ 时,即激振力频率等于减振器 m_2 的固有频率时,振幅 $A=0$,而振幅 $B=b_0$,但与激振力反相位。此时质量 m_2 振动而主质量 m_1 不动,故称为动力减振。

当 $\omega>\sqrt{d}$ 时,振幅 $A>0$,而 $B<0$,即两物体振动反相位,而 m_1 的振动位移与激振力同相位。当 ω 趋于第二个固有频率 ω_2 时,两振幅又无限增大,出现第二个共振。

当 $\omega>\omega_2$,又继续增大 ω 值时,两物体的振动彼此还是反相位的,但振幅逐渐减小,最后随 ω 增大而趋于零。

当激振力频率 $\omega=\sqrt{d}=\sqrt{k_2/m_2}$ 时,主质量的振幅 A 等于零这一特点具有实际意义。如果一个振动系统受到一个频率不变的激振力作用而发生振动,则可以在这个振动系统上安装一个动力减振器来减少甚至消除这种振动。这个动力减振器的固有频率 $\sqrt{k_2/m_2}$ 应设计得与激振力频率 ω 相等。

动力减振器的减振作用可以这样来解释:从图4-44可以看到,当激振力频率 $\omega=\sqrt{d}=\sqrt{2}\,\omega_0$ 时,$\beta=-1$,即减振器质量 m_2 的振幅为 $-b_0=-H/k_2$。这时弹簧 k_2 加在主质量上的力 $k_2x_2=-H\sin\omega t$,这个力正好与加在主质量 m_1 上的激振力相平衡,这样主质量就如同不受激振力作用一样,将保持静止不动,因而达到了减振的目的。

上述动力减振器是无阻尼动力减振器,由于减振器的固有频率 $\sqrt{k_2/m_2}$ 是固定的,它只能减小接近于这个频率的受迫振动,因而只对于频率基本不变的激振力是有效的。当激振力频率变动范围较宽时,常使用有阻尼的动力减振器。这种减振器是在主质量与减振器质量之间,除了装有弹性元件外,还装有阻尼元件,如图4-45所示,它的减振作用主要是靠阻尼元件在振动过程中吸收振动能量来达到减振的目的。

利用阻尼减振除了上述形式之外,还有很多其他的形式,例如,对要减振的结构采用内阻尼较高的材料(如铸铁等),采用阻尼涂料和贴上约束阻尼层等减振措施。

此外还有冲击减振器,它是利用振动件内部产生冲击消耗振动件的能量达到减振的目的。例如,图4-46所示镗杆冲击减振器,就是在镗杆的端头形成一个空室,其中装有一个小的金属块,金属块与镗杆之间有一小的间隙。切削时,镗杆发生振动,金属块在镗杆内因振动而不断地冲击镗杆壁,这种冲击使机械能转变为热能,因而消耗了镗杆振动的能量,减少了镗杆的振动。

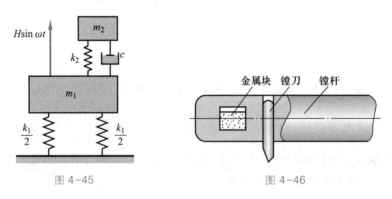

图4-45   图4-46

例4-17 一电机的转速为1 500 r/min,由于转子不平衡而使机壳发生较大的振动,为了减少机壳的振动,在机壳上安装了数个如图4-47所示的动力减振器,该减振器由一钢制圆杆和两个安装在杆两端的重块组成。圆杆的中部固定在机壳上,重块到中点的距离 l 可用螺杆来调节。重块质量 $m=5$ kg,圆杆的直径 $D=20$ mm。问重块距中点的距离 l 应等于多少时减振器的减振效果最好?

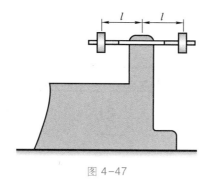

图 4-47

解:电机机壳受迫振动的角频率为

$$\omega = 2\pi f = 2\pi \frac{n}{60} = 50\pi \ \text{rad/s}$$

由前面的分析知,当减振器自身的固有频率 ω_0 与受迫振动频率 ω 相等时,减振器的减振效果最好。重块的质量为 m,螺杆的质量忽略不计,螺杆的刚度系数 k 可由材料力学公式计算,得

$$k = \frac{3EI}{l^3}$$

其中,$I = \frac{\pi D^4}{64}$ 是螺杆截面惯性矩,$E = 2.1 \times 10^5$ MPa 是材料的弹性模量,l 为悬臂杆的杆长。

减振器的固有频率为

$$\omega_0 = \sqrt{\frac{k}{m}} = \sqrt{\frac{3E \cdot \pi D^4}{64 m l^3}}$$

令 $\omega = \omega_0$,解得杆长为

$$l = \sqrt[3]{\frac{3E \cdot \pi D^4}{64 m \omega^2}} = \sqrt[3]{\frac{3 \times 2.1 \times 10^5 \ \text{N/mm}^2 \times \pi \times (20 \ \text{mm})^4 \times 1 \ 000}{64 \times 5 \ \text{kg} \times (50 \ \text{rad/s})^2 \pi^2}} = 342 \ \text{mm}$$

以上计算由于没有考虑到螺杆的质量,也没有考虑到电机转速的波动情况,所以计算结果只是近似值。实际安装重块时,还要对其位置进行微调。

思考题

4-1 图 4-48 所示装置,重物 M 可沿螺杆上下滑动,重物的上方和下方都装有弹簧。是否可以通过螺帽调节弹簧的压缩量来调节系统的固有频率?

4-2 图 4-49 所示的水平摆和铅垂摆都处于重力场中,杆重不计,摆长 l、弹簧刚度系数 k 及摆锤质量 m 都是相同的。两个摆微幅摆动的固有频率是否相同?如果二者都脱离了重力场,其固有频率是否相同?又若图中的弹簧方向都与摆杆垂直,弹簧与摆杆成 45° 角连接,其固有频率有什么不同?

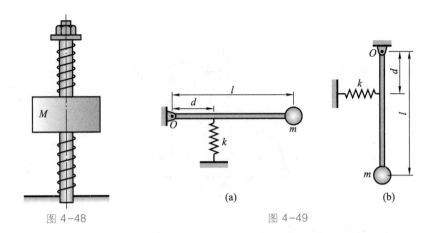

图 4-48   (a)   (b)

图 4-49

4-3 假如地球引力增加一倍,下列几种振动系统的固有频率有变化吗?（1）单摆;（2）复摆;（3）弹簧质量系统;（4）扭摆。

4-4 在光滑水平面上,两个质量皆为 m 的质点由一刚度系数为 k 的无重弹簧相连。若将二质点拉开一段距离再同时释放,二者将发生振动,求此振动的周期。如上述二质点的质量分别为 m_1 和 m_2,问二者仍发生振动吗? 振动周期为多大?

4-5 均质细杆长为 l,质量为 m。问以哪一点为悬挂点作为复摆,其摆动频率最大? 以哪一点为悬挂点其摆动频率最小?

4-6 什么是临界阻尼? 欠阻尼和过阻尼状态的自由振动有什么不同?

4-7 证明在过阻尼振动状态下,物体以任意的起始位置和起始速度运动,越过平衡位置不能超过一次。

4-8 怎样用自由振动实验方法求单自由度系统的阻尼比 ζ 和阻力系数 c?

4-9 有阻尼受迫振动中,什么是稳态过程? 与刚开始的一段运动有什么不同?

4-10 汽轮发电机主轴的转速已大于其临界转速,起动与停车过程中都必然经过其共振区,为什么轴并没有因剧烈振动而破坏?

4-11 确定两个自由度系统的自由振动需要几个运动初始条件?

4-12 什么是主振动? 两个主振动的合成是否为简谐振动? 是否都是周期运动?

4-13 两个自由度振动系统在什么条件下可按其第一主振型或第二主振型振动?

▰ 习 题 ▰

习题:第四章
机械振动基础

4-1 图示两个弹簧的刚度系数分别为 $k_1 = 5\ \text{kN/m}$, $k_2 = 3\ \text{kN/m}$。物块质量 $m = 4\ \text{kg}$。求物体自由振动的周期。

4-2 一盘悬挂在弹簧上,如图所示。当盘上放质量为 m_1 的物体时,系统做微幅振动,测得振动周期为 τ_1;如盘上换一质量为 m_2 的物体时,测得振动周期为 τ_2。求弹簧的刚度系数 k。

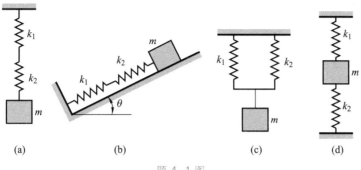

(a)   (b)   (c)   (d)

题 4-1 图

4-3 如图所示,质量 $m = 200$ kg 的重物在吊索上以匀速度 $v = 5$ m/s 下降。当下降时,由于吊索嵌入滑轮的夹子内,吊索的上端突然被夹住,此时吊索的刚度系数 $k = 400$ kN/m。如不计吊索的重量,求此后重物振动时吊索中的最大张力。

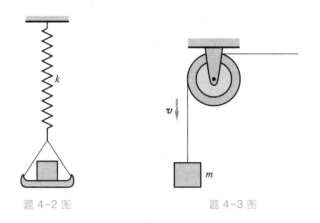

题 4-2 图   题 4-3 图

4-4 图示质量为 m 的重物,初速为零,自高度 $h = 1$ m 处落下,打在水平梁的中部后与梁不再分离。梁的两端固定,在此重物静力的作用下,该梁中点的静挠度 $\delta_0 = 5$ mm。如以重物在梁上的静平衡位置 O 为原点,做出铅垂向下的 y 轴,梁的重量不计。写出重物的运动方程。

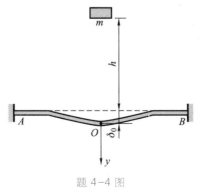

题 4-4 图

4-5 质量为 m 的小车在斜面上自高度 h 处滑下,而与缓冲弹簧相碰,如图所示。缓冲弹簧的刚度系数为 k,斜面倾角为 θ。求小车碰到缓冲弹簧后自由振动的周期与振幅。

4-6 如图所示,一小球的质量为 m,紧系在完全弹性的线 AB 的中部,线长为 $2l$。设线完全拉紧时张力的大小为 F,当球做水平运动时,张力不变。重力忽略不计。试证明小球在水平线上的微幅振动为简谐振动,并求其振动周期。

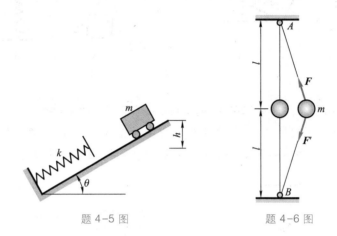

题 4-5 图　　　　　　题 4-6 图

4-7 质量为 m 的杆 AB 水平地放在两个半径相同的轮上,两轮的中心在同一水平线上,距离为 $2a$。两轮以等值而反向的角速度分别绕其中心轴转动,如图所示。杆 AB 借助与轮接触点的摩擦力的牵带而运动,此摩擦力与杆 AB 对轮的压力成正比,动摩擦因数为 f。如将杆 AB 的质心 C 推离其对称位置点 O,然后释放。(1) 证明质心 C 的运动为简谐振动,并求振动周期 τ;(2) 若 $a = 250$ mm,$\tau = 2$ s,求动摩擦因数 f。

4-8 图示均质杆 AB,质量为 m_1,长为 $3l$,B 端刚性连接一质量为 m_2 的物体,其大小不计。杆 AB 在 O 处为铰支,两弹簧刚度系数均为 k,约束如图所示。求系统的固有频率。

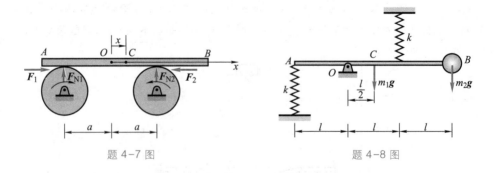

题 4-7 图　　　　　　题 4-8 图

4-9 图示均质杆 AB 长为 l,质量为 m,其两端的销可分别在水平槽、铅垂槽中滑动,$\theta = 0$ 为静平衡位置。不计销的质量和摩擦,如水平槽内两弹簧刚度系数皆为 k,(1) 求系统微幅振动的固有频率;(2) 弹簧刚度系数为多大时,振动才可能发生?

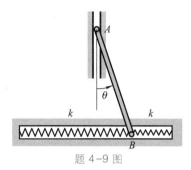

题 4-9 图

4-10 图示均质细杆 AB 长为 l，质量为 m，在点 D 挂有倾斜弹簧，弹簧的刚度系数为 k。杆 AB 的尺寸如图所示。求杆 AB 处于水平和铅垂位置两种情况下微幅振动的固有频率。

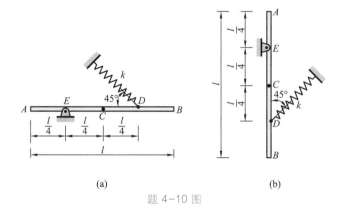

(a)   (b)

题 4-10 图

4-11 如图所示，已知均质杆 AB 长为 $2l$，质量为 $2m$，在中点 O 与杆 CD 相铰接，杆 CD 的角速度为 ω，质量不计，$CD = 2h$，盘簧刚度系数为 k，当 $\varphi_0 = 0$ 时，盘簧无变形。求：（1）当 $\omega = 0$ 时，杆 AB 微幅振动的固有频率；（2）当 ω 为常数时，ω 与 φ_0 的关系；（3）当 ω 为常数时，C、D 处的约束力；（4）当 ω 为常数时，杆 AB 微幅振动的频率。

4-12 质量为 m 的物体悬挂如图所示。如杆 AB 的质量不计，两弹簧的刚度系数分别为 k_1 和 k_2，又 $AC = a$，$AB = b$，求物体自由振动的频率。

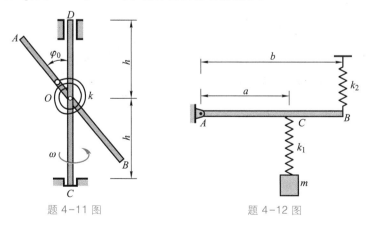

题 4-11 图   题 4-12 图

4-13 如图所示,大轮半径为 R,质量为 m,回转半径为 ρ,由刚度系数为 k 的弹性绳与半径为 r 的小轮连在一起。设小轮受外力作用做受迫摆动,摆动的规律为 $\theta = \theta_0 \sin \omega t$,且无论小轮如何运动都不会使弹性绳松弛或打滑。求大轮稳态振动的振幅。

4-14 图示位于铅垂面内的行星机构中,小轮 A 是质量为 m、半径为 r 的均质圆盘,$r = \dfrac{1}{2}R$。小轮沿大轮只滚不滑且由弹簧与系杆 OA 相连。不计系杆 OA 的质量和各处摩擦,当小轮位于图示的最高位置时,弹簧无变形。(1)为保持小轮在图示位置的稳定平衡,弹簧刚度系数 k 的最小值 k_0 为多大?(2)若令 $k = 10k_0$,该系统在图示位置微幅振动的固有频率为多大?

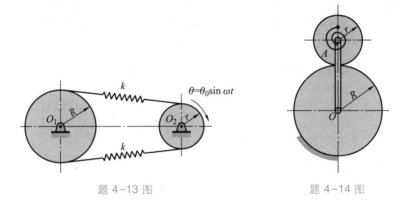

题 4-13 图　　　　　　　　　　题 4-14 图

4-15 如图所示半径为 r 的半圆柱体,在水平面上只滚动不滑动。已知该半圆柱体对通过质心 C 且平行于半圆柱体母线的轴的回转半径为 ρ,又 $OC = a$。求半圆柱体微幅摆动的频率。

4-16 图示均质滚子质量 $m = 10$ kg,半径 $r = 0.25$ m,能在斜面上保持纯滚动,弹簧刚度系数 $k = 20$ N/m,阻尼器阻力系数 $c = 10$ N·s/m。求:(1)无阻尼时系统的固有频率;(2)阻尼比;(3)有阻尼时系统的固有频率;(4)此阻尼系统自由振动的周期。

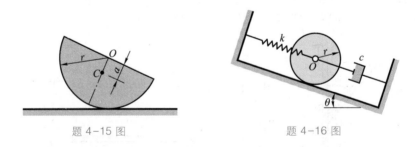

题 4-15 图　　　　　　　　　　题 4-16 图

4-17 用下述方法测定液体的阻力系数:在弹簧上悬挂一薄板 A,如图所示。测定薄板在空气中的自由振动周期 τ_1,然后将薄板放在欲测阻力系数的液体中,令其振动,测定周期 τ_2。液体与薄板间的阻力等于 $2Scv$,其中 $2S$ 是薄板的表面积,v 为其速度,c 为阻力系数。如薄板质量为 m,根据实验测得的数据 τ_1 与 τ_2,求阻力系数 c。薄板与空气间的阻力略去不计。

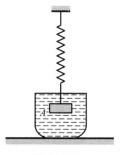

题 4-17 图

4-18 汽车的质量为 $m = 2\,450$ kg，压在 4 个车轮的弹簧上，可使每根弹簧的压缩量为 $\delta_{st} = 150$ mm。为了减小振动，每根弹簧都装一个减振器，结果使汽车上、下振动迅速减小，经两次振动后，振幅减小到 $\frac{1}{10}$，即 $\frac{A_1}{A_2} = 10$。（1）求振幅减缩因数 η 和对数减缩 Λ；（2）求 $\delta = \frac{c}{2m}$ 和衰减振动周期 τ_d；（3）如果要求汽车不振动，即要求减振器有临界阻尼，求临界阻力系数 c_{cr}。

4-19 车厢载有货物，其车架弹簧的静压缩量为 $\delta_{st} = 50$ mm，每根铁轨的长度 $l = 12$ m。每当车轮行驶到轨道接头处都受到冲击，因而当车厢速度达到某一数值时，将发生激烈颠簸，这一速度称为临界速度。求此临界速度。

4-20 车轮上装有一质量为 m 的物块 B，在某瞬时（$t = 0$）车轮由水平路面进入曲线路面，并继续以匀速度 $\boldsymbol{v}$ 行驶。该曲线路面按 $y_1 = d\sin\frac{\pi}{l}x_1$ 的规律起伏，坐标原点和坐标系 $O_1x_1y_1$ 的位置如图所示。设弹簧的刚度系数为 k。求：（1）物块 B 的受迫运动方程；（2）轮 A 的临界速度。

4-21 电动机质量 $m_1 = 250$ kg，由 4 个刚度系数为 $k = 30$ kN/m 的弹簧支持，如图所示。在电动机转子上装有一质量为 $m_2 = 0.2$ kg 的物体，距转轴 $e = 10$ mm。已知电动机被限制在铅垂方向运动，求：（1）发生共振时的转速；（2）当转速为 $1\,000$ r/min 时，稳定振动的振幅。

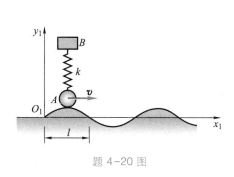

题 4-20 图

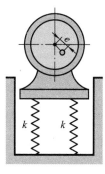

题 4-21 图

4-22 物体 M 悬挂在弹簧 AB 上,如图所示。弹簧的上端 A 做铅垂直线简谐振动,其振幅为 b,角频率为 ω,即 $O_1C = b\sin \omega t$。已知物体 M 的质量为 0.4 kg,弹簧在大小为 0.4 N 的力作用下伸长 10 mm。已知 $b = 20$ mm,$\omega = 7$ rad/s。求受迫振动的规律。

4-23 图示弹簧的刚度系数 $k = 20$ N/m,其上悬挂一质量 $m = 0.1$ kg 的磁棒。磁棒下端穿过一线圈,线圈内通过 $i = 20\sin 8\pi t$ 的电流,式中 i 以 A(安培)计。电流自时间 $t = 0$ 开始流通,并吸引磁棒。在此以前,磁棒在弹簧上保持不动。已知磁棒和线圈间的吸引力为 $F = 160\pi i$,式中 F 以 10^{-6} N 计。求磁棒受迫振动的规律。

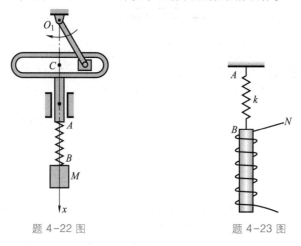

题 4-22 图　　　　　　题 4-23 图

4-24 图示两个振动系统,其质量为 m,弹簧刚度系数为 k,阻力系数为 c。设干扰位移为 $x_1 = a\sin \omega t$,推导它们的受迫振动公式。

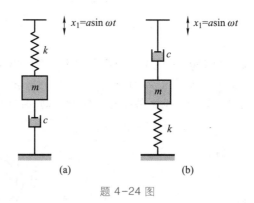

(a)　　　　　　(b)

题 4-24 图

4-25 机器上一零件在黏滞油液中振动,施加一个幅值 $H = 55$ N、周期 $T = 0.2$ s 的干扰力,可使零件发生共振,设此时共振振幅为 15 mm,该零件的质量为 $m = 4.08$ kg,求阻力系数 c。

4-26 精密仪器使用时,要避免地面振动的干扰,为了隔振,如图所示在 A、B 两端下边安装 8 根弹簧(每边 4 根并联而成,图中为示意图)。A、B 两点到质心 C 的距离相等。已知地面振动规律为 $y_1 = \sin 10\pi t$（式中 y_1 以 mm 计，t 以 s 计），仪器质量为 800 kg，容许振动的振幅为 0.1 mm。求每根弹簧应有的刚度系数。

4-27 图示加速度计安装在蒸汽机的十字头上，十字头沿铅垂方向做简谐振动。记录在卷筒上的振幅等于 7 mm。设弹簧刚度系数 $k = 1.2$ kN/m，其上悬挂的重物质量 $m = 0.1$ kg。求十字头的加速度。提示：加速度计的固有频率 ω_0 通常都远远大于被测物体振动频率 ω，即 $\dfrac{\omega}{\omega_0} \ll 1$。

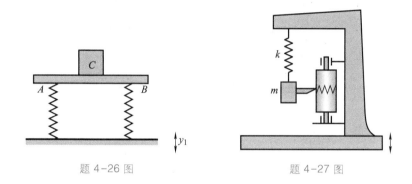

题 4-26 图　　　　　　　　题 4-27 图

4-28 电机的转速 $n = 1\ 800$ r/min，质量 $m = 100$ kg，今将此电机安装在图示的隔振装置上。欲使传到地基的干扰力达到不安装隔振装置的 1/10，求隔振装置弹簧的刚度系数 k。

4-29 图示机构中的杠杆可绕点 O 转动，重量忽略不计。质点 A 质量为 m，在杠杆的点 C 加一弹簧 CD 垂直于 OC，刚度系数为 k。在点 D 加一铅垂方向干扰位移 $y = b\sin \omega t$。求机构的受迫振动规律。

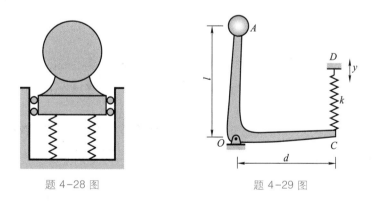

题 4-28 图　　　　　　　　题 4-29 图

4-30 圆盘质量为 m，固结在铅垂轴的中点，圆盘绕此轴以角速度 ω 转动，如图所示。轴的刚度系数为 k，圆盘的中心对轴的偏心距为 e。求轴的挠度 δ。

4-31 机械系统与无阻尼动力减振器连接，其简化模型如图所示。已知主体质量

为 m_1，主弹簧刚度系数为 k_1；减振器的质量为 m_2，弹簧刚度系数为 k_2，$\mu = \dfrac{m_2}{m_1} = \dfrac{1}{5}$，$\dfrac{k_2}{k_1} = \dfrac{1}{5}$。求系统的固有频率和主振型。

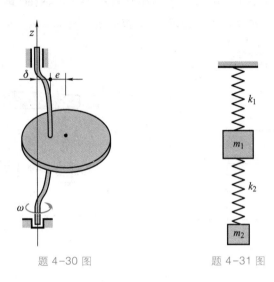

题 4-30 图　　　　　题 4-31 图

4-32　求图示振动系统的固有频率和主振型。已知 $m_1 = m_2 = m$，$k_1 = k_2 = k_3 = k$。

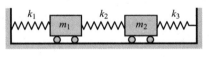

题 4-32 图

4-33　图示一均质圆轴，左端固定，在另一端和中部分别装有均质圆盘 A 和 B。每一圆盘对轴的转动惯量均为 J，两段轴的扭转刚度系数均为 k_t，不计轴的质量。求此系统自由扭转振动的频率。

4-34　已知图示两个自由度系统，其中 A 和 B 的质量分别为 m_A 和 m_B，弹簧的刚度系数为 k，摆长为 l。求系统的运动微分方程和固有频率。

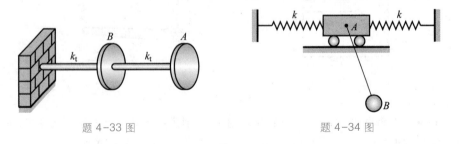

题 4-33 图　　　　　题 4-34 图

4-35　图示刚杆 AB 长为 l，质量不计，其一端 B 铰支，另一端固连一质量为 m 的物

体 A，其下连接一刚度系数为 k 的弹簧，并挂有质量也为 m 的物体 D。杆 AB 中点用刚度系数也为 k 的弹簧拉住，使杆 AB 在水平位置平衡。求系统振动的固有频率。

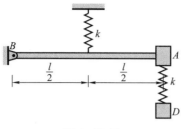

题 4-35 图

4-36 图示杆 OA 长 $l=1.5$ m，重量不计，可绕水平轴 O 摆动。在 A 端装一质量 $m_1=2$ kg、半径 $r=0.5$ m 的均质圆盘，在圆盘边上点 B，固结一质量 $m_2=1$ kg 的质点。求此系统微幅振动的固有频率。提示：可取 θ 与 φ 为广义坐标。

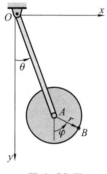

题 4-36 图

4-37 在题 4-33 中，若在盘 A 上作用一干扰力矩 $M=M_0\sin pt$，求两圆盘的受迫振动规律。

第五章
刚体定点运动、自由刚体运动、
刚体运动的合成·陀螺仪近似理论

由刚体的平移和定点运动可以合成刚体的任意运动,同时刚体的定点运动也是陀螺仪理论的运动学基础。

本章将研究刚体绕定点运动的运动方程、角速度、角加速度与定点运动刚体的运动方程及其上任意一点的速度和加速度,研究刚体的自由运动和刚体的合成运动。最后讲述陀螺仪近似理论。

§5-1 刚体绕定点运动的运动学描述

刚体运动时,若体内或其外延部分上有一点在空间的位置保持不变,则这种运动称为刚体绕定点运动。例如,锥形行星齿轮的运动(图 5-1a)、陀螺的运动(图 5-1b)及陀螺仪中转子的运动(图 5-1c)等都是刚体绕定点运动的实例。

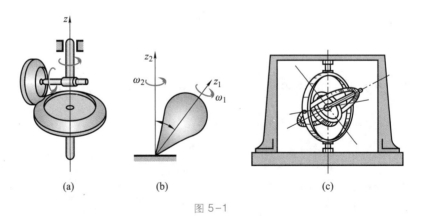

(a)　　　　　　　(b)　　　　　　　(c)

图 5-1

1. 运动方程

为了描述绕定点运动的刚体在空间的位置,以定点 O 为原点,建立定参考系 $Oxyz$,另建立与刚体固结的动参考系 $Ox'y'z'$,称之为体轴,如图 5-2 所示。显然,只要确定了动参考系 $Ox'y'z'$ 在定参考系 $Oxyz$ 中的位置,则刚体的位置也随之确定。

确定动参考系位置的方法有很多,下面仅介绍一种常用的方法。

动坐标平面 $Ox'y'$ 与定坐标平面 Oxy 的交线,用 ON 表示,称为节线。节线垂

直于 z 轴和 z' 轴，它的正向如图 5-2 所示。节线与定轴 x 轴间的夹角 ψ 称为**进动角**；节线与动轴 x' 轴间的夹角 φ 称为**自转角**；动轴 z' 轴和定轴 z 轴间的夹角 θ 称为**章动角**，它们合称为**欧拉角**。

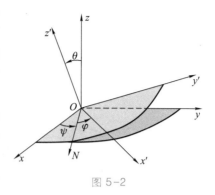

图 5-2

绕定点运动的刚体在空间的位置用这 3 个欧拉角可以完全确定。设运动开始时，动参考系与定参考系重合，令动参考系按照图示箭头方向先绕定轴 z 轴转过 ψ 角，再绕节线 ON 转过 θ 角，最后绕动轴 z' 轴转过 φ 角，就到了图示的确定位置。这 3 个角是相互独立的，所以绕定点运动的刚体有 3 个自由度。

欧拉角 ψ、θ 和 φ 的正向定为图 5-2 所示的箭头方向。当刚体绕定点运动时，欧拉角是时间的单值连续函数，即

$$\psi=f_1(t),\quad \theta=f_2(t),\quad \varphi=f_3(t) \tag{5-1}$$

上式称为**刚体绕定点运动的运动方程**。

三个欧拉角取这样的名称源自地球的姿态运动及天文历法。地球自转轴（指向北极点）与公转轴夹角为 23.5°，但这个角度不断变化，其摆动幅度约为 9″。这个运动如同自转轴在"点头"，这是一个周期运动。点头运动的周期约为 19 年。在中国的历法（阴历）中，将 19 年作为一章。例如，每过 19 年阳历与阴历的日期就与 19 年前重合。比如你出生那天有阳历及阴历日，19 年后你的生日阳历及阴历与出生日相同。因此将这一运动称为**章动**。英文称章动为 nutation，含"点头"的意思。除了章动外，自转轴与公转轴所确定的平面并不是在空间平移，而是绕公转轴做极缓慢的转动，其周期约为 25 600 年。地轴的这种运动称为进动。地轴的进动使每年的冬至都有微小提前，称之为**岁差**。现在地球自转轴指向小熊座 α 星（北极星），到公元 14000 年左右，地球自转轴将指向图 5-3 中的天琴座 α 星（织女星）。英文称进动为 precession，含岁差的意思。

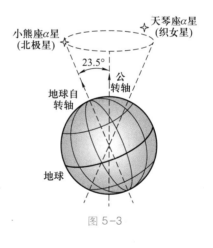

图 5-3

刚体由一个位置绕定点转动到另一个位置的有限运动与转动的次序有关。本书介绍的是经典的欧拉角次序，即先绕体轴 x_3（即 z' 轴）转过 ψ 角，再绕体轴 x_1（即 x' 轴）转过 θ 角，最后绕体轴 x_3 再转过 φ 角。称这种转动次序为"体轴 3-1-3"，这 3 个角称为欧拉角。按选择转轴的不同及转动次序的不同可以有 24 种组合，即 24 种广义欧拉角。例如，按"体轴 1-2-3"转动的**卡尔丹角**，按"体轴 3-1-2"转动的**姿态角**等。在研究飞行器的运动时经常使用姿态角。

图 5-4 中, 体轴 x_1、x_2、x_3 固结于书本(视为刚体)上。图 5-4a 所示是按"体轴 1-3"转动(即先绕体轴 x_1 转动, 再绕体轴 x_3 转动)各 90° 的情况; 图 5-4b 所示是按"体轴 3-1"转 90°。显然最后的结果是不同的, 即刚体的有限转动与次序有关。这也表明, 刚体的有限转动不能用矢量来表示。

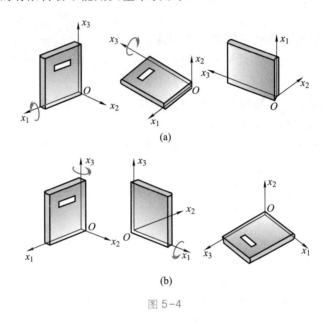

图 5-4

2. 欧拉定理

欧拉定理 绕定点运动的刚体, 从某一位置到另一位置的任何位移, 可以绕通过定点的某一轴转动一次而实现。

证明: 刚体绕定点运动时, 刚体内各点在半径不同的球面上运动, 定点为这些球面的中心。

任取一球面, 它与刚体相交截出球面图形 S, 如图 5-5 所示。要确定刚体的位置, 只需确定球面图形 S 的位置就可以了。而球面图形 S 的位置, 又可由图形上任意两点 A、B 之间的大圆弧 $\overparen{AB}$ 的位置来确定。

$\overparen{AB}$ 处于球面上, 下面的证明实际用的是球面几何。球面几何属于黎曼几何范畴, 它与欧几里得的平面几何(欧氏几何)是不同的, 是非欧氏几何。例如, 球面上的直线是球面上的大圆(即过球心的平面与球面的交线), 球面三角形的三个内角之和不是 180°, 垂直于同一直线的两条直线会相交等。但球面几何与欧氏几何也有许多共同之处, 例如, 任一线段垂直平分线上的点到线段两端的距离(弧长)相等; 如果两个球面三角形的三条边相等, 则这两个三角形全等; 如果两个三角形全等, 则对应角相等。本书不占用篇幅去讲述球面几何, 因为有了上面的知识就足以用来证明欧拉定理。

设瞬时 t，大圆弧 $\overset{\frown}{AB}$ 在图 5-6 中所示位置，在瞬时 $t+\Delta t$，大圆弧 $\overset{\frown}{AB}$ 运动到 $\overset{\frown}{A'B'}$。现在来证明从 $\overset{\frown}{AB}$ 到 $\overset{\frown}{A'B'}$ 可以由绕通过定点 O 的某一轴的转动来实现。

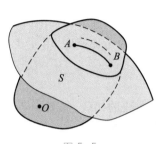

图 5-5

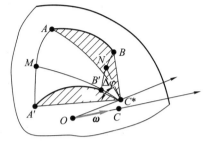

图 5-6

过大圆弧 $\overset{\frown}{AA'}$ 和 $\overset{\frown}{BB'}$ 的中点 M 和 N，分别作出与这两段大圆弧相垂直的大圆弧 $\overset{\frown}{MC^*}$ 和 $\overset{\frown}{NC^*}$，它们交于球面上的点 C^*。再作大圆弧 $\overset{\frown}{AC^*}$、$\overset{\frown}{BC^*}$、$\overset{\frown}{A'C^*}$ 和 $\overset{\frown}{B'C^*}$，得球面三角形 ABC^* 和 $A'B'C^*$。因为这两个三角形的对应弧长相等，所以两球面三角形全等，于是得

$$\angle AC^*B = \angle A'C^*B'$$

且有

$$\angle AC^*B + \angle AC^*B' = \angle A'C^*B' + \angle AC^*B'$$

即

$$\angle BC^*B' = \angle AC^*A' = \Delta\varphi$$

以直线连接 O、C^* 两点。若将球面三角形 ABC^* 绕 OC^* 轴转过 $\Delta\varphi$ 角，必定与球面三角形 $A'B'C^*$ 完全重合，因此大圆弧 $\overset{\frown}{AB}$ 绕通过定点 O 的轴 OC^* 经过一次转动即到达 $\overset{\frown}{A'B'}$ 的位置。上述欧拉定理得证。

欧拉定理全称为欧拉有限转动定理，它适合刚体的有限运动（即不必是无穷小运动），图 5-6 中的 $\Delta\varphi$ 也是有限量，不必无穷小。

3. 瞬时转动轴·角速度·角加速度

由欧拉定理可知：绕定点运动刚体的任一位移都可视为绕某一轴 OC^* 的转动位移。设经过时间 Δt，此转动角位移为 $\Delta\varphi$，当 Δt 减小时，$\Delta\varphi$ 随之减小，轴 OC^* 的位置也随着改变。当 Δt 趋近于零时，$\Delta\varphi$ 也趋近于零，OC^* 轴趋近于某一极限位置 OC，如图 5-6 所示。OC 轴称为刚体在该瞬时的瞬时转动轴，简称瞬轴。刚体在不同瞬时，瞬轴的位置不同。刚体绕定点的运动可以看成为顺次绕通过定点 O 的一系列瞬轴做一系列瞬时转动。从这个意义上讲，刚体定点运动也可称为定点转动。

由于瞬轴在空间的方位是不断变化的，此时角速度应理解为矢量，以 $\boldsymbol{\omega}$ 表示。$\boldsymbol{\omega}$ 的大小为

$$|\boldsymbol{\omega}| = \lim_{\Delta t \to 0} \frac{\Delta \varphi}{\Delta t} \tag{5-2}$$

矢量 $\boldsymbol{\omega}$ 沿瞬轴,指向按右手法则规定,如图 5-6 所示。下一节将证明:角速度符合矢量合成法则,角速度确实可以用矢量表示。

由于瞬轴的位置随时间 t 改变,因此角速度矢 $\boldsymbol{\omega}$ 的大小和方向都随时间变化。角速度矢 $\boldsymbol{\omega}$ 对时间 t 的一阶导数,称为刚体绕定点运动的角加速度,用 $\boldsymbol{\alpha}$ 表示,即

$$\boldsymbol{\alpha} = \lim_{\Delta t \to 0} \frac{\Delta \boldsymbol{\omega}}{\Delta t} = \frac{\mathrm{d}\boldsymbol{\omega}}{\mathrm{d}t} \tag{5-3}$$

它也是一个矢量。它的方向沿着角速度矢 $\boldsymbol{\omega}$ 的矢端曲线的切线,如图 5-7 所示。

一般情况下,$\boldsymbol{\alpha}$ 与 $\boldsymbol{\omega}$ 不共线,这与刚体绕定轴转动是不同的。

4. 刚体上各点的速度和加速度

设刚体绕定点 O 转动,如图 5-8 所示,瞬时角速度矢和角加速度矢分别为 $\boldsymbol{\omega}$ 和 $\boldsymbol{\alpha}$。

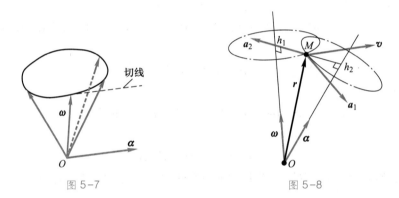

图 5-7　　　　　　　　　　图 5-8

刚体内任一点 M 的矢径为 $\boldsymbol{r}$,它到 $\boldsymbol{\omega}$ 和 $\boldsymbol{\alpha}$ 的距离分别为 h_1 和 h_2,则点 M 的速度为

$$\boldsymbol{v} = \boldsymbol{\omega} \times \boldsymbol{r} \tag{5-4}$$

它的大小为 ωh_1,方向如图 5-8 所示。

点 M 的加速度为

$$\boldsymbol{a} = \frac{\mathrm{d}\boldsymbol{v}}{\mathrm{d}t} = \frac{\mathrm{d}\boldsymbol{\omega}}{\mathrm{d}t} \times \boldsymbol{r} + \boldsymbol{\omega} \times \frac{\mathrm{d}\boldsymbol{r}}{\mathrm{d}t}$$

即

$$\boldsymbol{a} = \boldsymbol{\alpha} \times \boldsymbol{r} + \boldsymbol{\omega} \times \boldsymbol{v} \tag{5-5}$$

上式右端第一项

$$\boldsymbol{a}_1 = \boldsymbol{\alpha} \times \boldsymbol{r}$$

称为转动加速度,其大小为 αh_2,方向垂直于 $\boldsymbol{\alpha}$ 和 $\boldsymbol{r}$,指向如图 5-8 所示。

式(5-5)右端第二项

$$\boldsymbol{a}_2 = \boldsymbol{\omega} \times \boldsymbol{v}$$

称为向轴加速度,其大小为 $\omega^2 h_1$,方向垂直于 $\boldsymbol{\omega}$ 和 $\boldsymbol{v}$,指向瞬轴。

　　于是得结论:刚体绕定点运动时,刚体内任一点的速度等于绕瞬轴转动的角速度与矢径的矢积;该点的加速度等于绕瞬轴的向轴加速度与绕角加速度矢的转动加速度的矢量和。

　　可以看出,式(5-3)、式(5-4)和式(5-5)与刚体绕定轴转动的公式在形式上完全一样。但是应该注意到,刚体绕定轴转动时,角速度矢 $\boldsymbol{\omega}$ 和角加速度矢 $\boldsymbol{\alpha}$ 都沿着同一固定的轴线;而刚体绕定点运动时,角速度矢 $\boldsymbol{\omega}$ 的大小和方向都将不断地变化。角加速度矢 $\boldsymbol{\alpha}$ 沿角速度矢 $\boldsymbol{\omega}$ 的矢端曲线的切线,在一般情况下,它不与角速度矢 $\boldsymbol{\omega}$ 共线。由图 5-8 可见,转动加速度 $\boldsymbol{a}_1 = \boldsymbol{\alpha} \times \boldsymbol{r}$ 的方向既不与速度矢 $\boldsymbol{v}$ 的方向重合,也不垂直于向轴加速度矢 $\boldsymbol{a}_2 = \boldsymbol{\omega} \times \boldsymbol{v}$。因此,$\boldsymbol{a}_1$ 不是点 M 的切向加速度,$\boldsymbol{a}_2$ 也不是点 M 的法向加速度。

　　例 5-1　行星锥齿轮的 OA 轴以匀角速度 ω_1 绕铅垂轴 OB 转动,如图 5-9 所示。设 $OA = l$,$AC = r$,求齿轮上点 M 的速度和加速度。

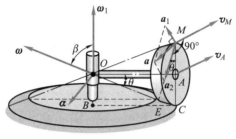

图 5-9

　　解:行星锥齿轮的运动是绕定点 O 的运动。因为大齿轮固定不动,所以行星齿轮的啮合点 C 的速度等于零,于是点 O 与点 C 两点的连线为瞬轴。设齿轮绕瞬轴转动的角速度为 $\boldsymbol{\omega}$,则齿轮中心点 A 的速度大小为

$$v_A = OA \cdot \sin \theta \cdot \omega$$

　　另一方面,点 A 绕定点 O 在水平面内做圆周运动,有

$$v_A = OA \cdot \omega_1$$

于是,绕瞬轴 OC 转动的角速度大小为

$$\omega = \frac{\omega_1}{\sin \theta} = 常量$$

它沿着 OC,指向如图所示。

　　点 M 的速度大小为

$$v_M = ME \cdot \omega = 2r\cos \theta \frac{\omega_1}{\sin \theta} = 2l\sin \theta \frac{\omega_1}{\sin \theta} = 2l\omega_1$$

它的方向垂直于平面 OMC,指向如图所示。

　　行星齿轮的角加速度为

$$\boldsymbol{\alpha} = \frac{d\boldsymbol{\omega}}{dt}$$

因为 $\boldsymbol{\omega}$ 只改变方向不改变大小,而且它和 z 轴间夹角 β 的大小保持不变,所以它的矢端曲线是水平的圆周,有 $\boldsymbol{\alpha} = \dfrac{d\boldsymbol{\omega}}{dt} = \boldsymbol{\omega}_1 \times \boldsymbol{\omega}$。$\boldsymbol{\alpha}$ 沿此圆周的切线指向 ω_1 转动的一方(图 5-9),$\boldsymbol{\alpha}$ 的大小为

$$\alpha = \omega_1 \cdot \omega \sin \beta = \omega_1 \frac{\omega_1}{\sin \theta} \cos \theta = \omega_1^2 \cot \theta$$

现在计算点 M 的加速度。转动加速度 $\boldsymbol{a}_1$ 的大小为

$$a_1 = \alpha \cdot OM = \omega_1^2 \cot \theta \frac{l}{\cos \theta} = \frac{l}{\sin \theta} \omega_1^2$$

它垂直于由 $\boldsymbol{\alpha}$ 和 OM 形成的平面,指向如图所示。

向轴加速度 $\boldsymbol{a}_2$ 的大小为

$$a_2 = \omega^2 \cdot ME = \omega^2 \cdot 2l \sin \theta = \frac{2l}{\sin \theta} \omega_1^2$$

它的方向自点 M 指向点 E(在铅垂平面 OAC 内)。

根据

$$\boldsymbol{a} = \boldsymbol{a}_1 + \boldsymbol{a}_2$$

由图中几何关系得

$$a^2 = a_1^2 + a_2^2 - 2a_1 a_2 \cos 2\theta$$

将 a_1、a_2 值代入上式,并注意到

$$\cot \theta = \frac{l}{r}, \qquad \sin \theta = \frac{r}{\sqrt{r^2 + l^2}}$$

得

$$a = \omega_1^2 l \sqrt{9 + \left(\frac{l}{r} \right)^2}$$

§5-2 自由刚体的运动

工程中有一些刚体,如飞机、火箭、人造地球卫星等,它们在空间可以做任意的运动,这样的刚体称为自由刚体。自由刚体的运动,也称为刚体的一般运动。为了确定自由刚体在空间的位置,取定参考系 $Oxyz$ 和与刚体固结的动参考系 $O'x'y'z'$,如图 5-10 所示。只要确定了动参考系的位置,刚体的位置也就确定了。

动参考系的原点 O' 是任意选取的,称为基点。在基点上安上一个始终保持平移的坐标系 $O'\xi\eta\zeta$,则自由刚体的运动可分解为随基点的平移和绕基点的定点运动。设基点在定参考系中的坐标为 $x_{O'}$、$y_{O'}$ 和 $z_{O'}$,刚体相对于动参考系 $O'\xi\eta\zeta$ 的位置由 3 个欧拉角 ψ、θ 和 φ 确定,于是刚体的位置完全由这 6 个参数确定,即空间自由刚体有 6 个自由度。当刚体运动时,这 6 个参数都是时间的单值连续函数,即

$$x_{O'} = f_1(t), \quad y_{O'} = f_2(t), \quad z_{O'} = f_3(t) \atop \psi = f_4(t), \quad \theta = f_5(t), \quad \varphi = f_6(t) \right\} \tag{5-6}$$

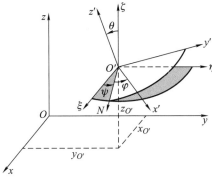

图 5-10

上式称为自由刚体的运动方程。前 3 个方程描述基点 O' 的运动,它们可以写成矢量式 $\boldsymbol{r}_{O'} = \boldsymbol{r}_{O'}(t)$。后 3 个方程描述定点运动,没有相应的矢量形式。

自由刚体内任一点 M 的速度,按照点的速度合成定理有

$$\boldsymbol{v}_a = \boldsymbol{v}_e + \boldsymbol{v}_r$$

其中,$\boldsymbol{v}_e = \boldsymbol{v}_{O'}$。设动点 M 在动参考系 $O'\xi\eta\zeta$ 中的矢径为 $\boldsymbol{r}'$,如图 5-11 所示。刚体绕基点 O' 转动的瞬时角速度为 $\boldsymbol{\omega}_r$,则 $\boldsymbol{v}_r = \boldsymbol{\omega}_r \times \boldsymbol{r}'$。于是,自由刚体内任一点的速度公式为

$$\boldsymbol{v}_M = \boldsymbol{v}_{O'} + \boldsymbol{\omega}_r \times \boldsymbol{r}' \tag{5-7}$$

由于牵连运动为平移,自由刚体内任一点的加速度合成式为

$$\boldsymbol{a}_a = \boldsymbol{a}_e + \boldsymbol{a}_r$$

其中,$\boldsymbol{a}_e = \boldsymbol{a}_{O'}$,$\boldsymbol{a}_r = \boldsymbol{\alpha}_r \times \boldsymbol{r}' + \boldsymbol{\omega}_r \times \boldsymbol{v}_r$,$\boldsymbol{\alpha}_r$ 为刚体绕基点 O' 转动的瞬时角加速度(图 5-12)。

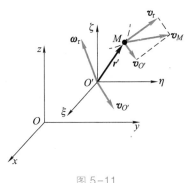

图 5-11

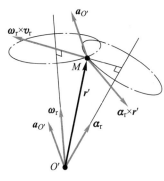

图 5-12

于是,自由刚体内任一点的加速度公式为

$$\boldsymbol{a}_M = \boldsymbol{a}_{O'} + \boldsymbol{a}_1 + \boldsymbol{a}_2, \quad \boldsymbol{a}_1 = \boldsymbol{\alpha}_r \times \boldsymbol{r}', \quad \boldsymbol{a}_2 = \boldsymbol{\omega}_r \times \boldsymbol{v}_r \quad\quad (5-8)$$

§5-3　刚体运动的合成

刚体的任何复杂运动都可以由几个简单运动的合成而得到。下面分析各种简单运动的合成。

1. 平移与平移的合成

以图 5-13 中的小车为例。小车以速度 $\boldsymbol{v}_1$、加速度 $\boldsymbol{a}_1$ 沿横梁运动,横梁又以速度 $\boldsymbol{v}_2$、加速度 $\boldsymbol{a}_2$ 在轨道上运动。将动参考系固定在横梁上,则牵连运动为平移,相对运动也为平移,于是小车的运动由平移与平移合成。

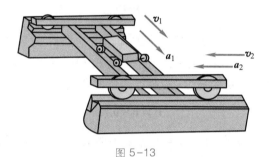

图 5-13

小车上任一点的速度和加速度分别为

$$\boldsymbol{v} = \boldsymbol{v}_e + \boldsymbol{v}_r = \boldsymbol{v}_2 + \boldsymbol{v}_1$$
$$\boldsymbol{a} = \boldsymbol{a}_e + \boldsymbol{a}_r = \boldsymbol{a}_2 + \boldsymbol{a}_1$$

在同一瞬时,小车上各点的速度和加速度都相同。因此小车的合成运动也是平移。于是得结论:当刚体同时做两个平移时,刚体的合成运动仍为平移。

2. 绕两个平行轴转动的合成

以图 5-14 中的行星圆柱齿轮 II 为例。在第 I 册第八章中已分析过,齿轮 II 做平面运动,以轮心 O_2 为基点,安上一个平移参考系后,齿轮 II 的运动便可分解为平移和转动。但是将行星齿轮的运动分解为转动和转动,有时更为方便。

齿轮 II 绕 O_2 轴转动,系杆 O_1O_2 带着 O_2 轴绕定 O_1 轴转动。

现将动参考系固结在系杆上,则系杆的角速度 $\boldsymbol{\omega}_e$ 为牵连角速度,齿轮 II 相对于系杆绕 O_2 轴转动的角速度 $\boldsymbol{\omega}_r$ 为相对角速度。由于轴 O_1 与轴 O_2 平行,于是齿轮 II 的运动由绕两个平行轴的转动与转动合成。

如图 5-15 所示齿轮上任一点 M 的速度 $\boldsymbol{v}_M$,可按照点的合成运动公式计算,即

$$\boldsymbol{v}_M = \boldsymbol{v}_e + \boldsymbol{v}_r$$

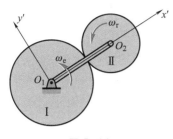

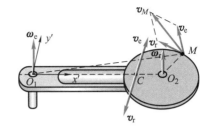

图 5-14

图 5-15

动画
行星齿轮
运动合成 1

动画
行星齿轮
运动合成 2

由于牵连运动是动参考系绕 O_1 轴的转动,所以牵连速度的大小为

$$v_e = O_1 M \cdot \omega_e$$

方向垂直于 $O_1 M$。相对运动是圆周运动,所以相对速度的大小为

$$v_r = O_2 M \cdot \omega_r$$

方向垂直于 $O_2 M$。这时点 M 的速度等于 $\boldsymbol{v}_e$ 与 $\boldsymbol{v}_r$ 的矢量和。

容易看出,每一瞬时,在连线 $O_1 O_2$ 上总可以找到齿轮上的一点 C,它的牵连速度 $\boldsymbol{v}_e$ 与相对速度 $\boldsymbol{v}_r$ 恰好大小相等、方向相反,绝对速度等于零。当 $\boldsymbol{\omega}_e$ 与 $\boldsymbol{\omega}_r$ 同向时,点 C 在点 O_1 与点 O_2 两点之间,如图 5-16 所示。当 $\boldsymbol{\omega}_e$ 与 $\boldsymbol{\omega}_r$ 反向时,点 C 在两点之外,如图 5-17 和图 5-18 所示。显然,点 C 为瞬时速度中心,通过点 C 且与 O_1、O_2 轴平行的轴为瞬轴。在瞬轴上各点的速度都等于零。

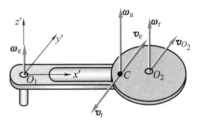

图 5-16

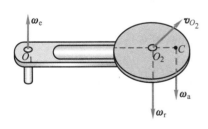

图 5-17

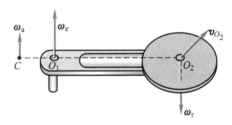

图 5-18

瞬轴与两轴间的距离分别为 $O_1 C$ 和 $O_2 C$。在点 C,$v_e = v_r$,即

$$O_1 C \cdot \omega_e = O_2 C \cdot \omega_r$$

或

$$\frac{O_1 C}{O_2 C} = \frac{\omega_r}{\omega_e} \tag{5-9}$$

现在来求齿轮绕瞬轴转动的角速度 $\boldsymbol{\omega}_a$ 的大小和方向。

先讨论 $\boldsymbol{\omega}_e$ 与 $\boldsymbol{\omega}_r$ 同向的情形(图 5-16)。齿轮的 O_2 轴的速度为

$$v_{O_2} = O_1O_2 \cdot \omega_e = O_2C \cdot \omega_a$$

因此,齿轮绕瞬轴转动的角速度为

$$\omega_a = \frac{v_{O_2}}{O_2C} = \frac{O_1O_2}{O_2C}\omega_e$$

当 $\boldsymbol{\omega}_e$ 与 $\boldsymbol{\omega}_r$ 同向时,$O_1O_2 = O_1C + O_2C$,代入上式中,并注意到式(5-9),于是得

$$\omega_a = \omega_r + \omega_e \qquad\qquad (5\text{-}10)$$

$\boldsymbol{\omega}_a$ 的方向根据 $\boldsymbol{v}_{O_2}$ 的方向确定。

由此可得结论:当刚体同时绕两平行轴同向转动时,刚体的合成运动为绕瞬轴的转动,绝对角速度等于牵连角速度与相对角速度的和;瞬轴的位置内分两轴间的距离,内分比与两个角速度成反比。

当 $\boldsymbol{\omega}_e$ 和 $\boldsymbol{\omega}_r$ 反向时(图 5-17 和图 5-18),$O_1O_2 = |O_1C - O_2C|$,于是,有

$$\omega_a = |\omega_e - \omega_r| \qquad\qquad (5\text{-}11)$$

绝对角速度的转向与 ω_r、ω_e 中较大的一个相同。

于是得结论:当刚体同时绕两平行轴反向转动时,刚体的合成运动为绕瞬轴的转动,绝对角速度等于牵连角速度与相对角速度之差,它的转向与较大的角速度的转向相同;瞬轴的位置外分两轴间的距离,在较大角速度的轴的外侧,外分比与两个角速度成反比。

应该指出,刚体绕平行轴转动的合成运动也符合刚体平面运动的定义,也可以分解为随同基点的平移和绕基点的转动,是一种平移与转动的合成。必须注意,在第 Ⅰ 册第八章刚体的平面运动中,所谓绕基点的转动是相对于平移参考系而言的。因而,其角速度就等于相对于定参考系的角速度,也就是这里的绝对角速度 $\boldsymbol{\omega}_a$。这里的相对角速度 $\boldsymbol{\omega}_r$ 则是相对于转动参考系而言的,绝对角速度应等于牵连角速度与相对角速度之和。

由式(5-11)可见,当 $\boldsymbol{\omega}_e$ 和 $\boldsymbol{\omega}_r$ 等值而反向时,$\omega_a = 0$。这表明:当刚体以同样大小的角速度同时绕两平行轴而反向转动时,刚体的合成运动为平移。这种运动称为转动偶。

3. 绕相交轴转动的合成

图 5-19 所示行星锥齿轮绕 OA 轴转动,同时,OA 轴又绕定轴 z 轴转动,这两轴相交于定点 O,于是,行星锥齿轮的运动由绕相交轴的转动合成。绕相交轴转动的合成运动是定点运动,两轴的交点即是定点。

现在讨论一般的情况。设刚体同时绕两相交于点 O 的 z 轴和 z' 轴转动,如图 5-20 所示,绕两轴转动的角速度分别为 $\boldsymbol{\omega}_1$(牵连角速度)和 $\boldsymbol{\omega}_2$(相对角速度)。取定参考系 $Oxyz$,转动轴 z 轴为其中的一轴;取动参考系 $Ox'y'z'$ 与刚体固结。于是刚体绕动轴 z' 轴的转动为相对运动,相对角速度 $\omega_r = \omega_2$;动参考系绕定轴 z 轴的转

动为牵连运动,牵连角速度 $\omega_e = \omega_1$;刚体绕点 O 的定点运动为绝对运动。

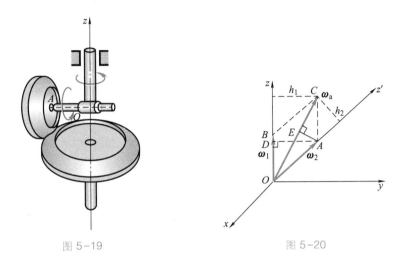

图 5-19   图 5-20

以 $\boldsymbol{\omega}_1$ 和 $\boldsymbol{\omega}_2$ 两个矢量为两边,做平行四边形 $OACB$,连接 O、C 两点,可证明直线 OC 是刚体的瞬轴,绕瞬轴转动的绝对角速度 $\boldsymbol{\omega}_a$ 正是此平行四边形的对角线。

先证明直线 OC 是刚体的瞬轴。

刚体上任一点的速度都可按点的速度合成定理计算。平行四边形 $OACB$ 上点 C 的牵连速度和相对速度都垂直于图面,而方向相反,绝对速度是二者的代数和,于是,有

$$v_C = v_e - v_r = \omega_1 h_1 - \omega_2 h_2 = 2A_{\triangle OCB} - 2A_{\triangle OAC}$$

因为 $OACB$ 为平行四边形,所以 $A_{\triangle OCB} = A_{\triangle OAC}$,于是点 C 的绝对速度等于零。因为点 O 的速度等于零,所以刚体的直线 OC 上所有点的绝对速度都等于零,因此直线 OC 是刚体的瞬轴。

为了求绕瞬轴转动的角速度 ω_a,可研究动轴 z' 轴上的点 A 的速度。因动轴绕定轴转动,有

$$v_A = AD \cdot \omega_1$$

另一方面,刚体绕瞬轴转动,有

$$v_A = AE \cdot \omega_a$$

于是,有

$$\omega_a = \frac{AD}{AE}\omega_1$$

由图中几何关系可知:

$$AD \cdot OB = A_{\square OACB}, \quad OC \cdot AE = A_{\square OACB}$$

于是,有

$$OC = \frac{AD}{AE} \cdot OB$$

由于角速度矢 $\boldsymbol{\omega}_1$ 的长度等于 OB,因此得角速度矢 $\boldsymbol{\omega}_a$ 的长度等于 OC。

角速度 $\boldsymbol{\omega}_a$ 的指向可由点 A 的速度方向确定,在图 5-20 中,显然如图中所示箭头方向。

由此可见,由牵连角速度 $\boldsymbol{\omega}_1$ 和相对角速度 $\boldsymbol{\omega}_2$ 为边做出的平行四边形的对角线,确定了瞬轴的位置和绕瞬轴转动的角速度矢 $\boldsymbol{\omega}_a$ 的大小和方向。3 个角速度矢的关系可写成

$$\boldsymbol{\omega}_a = \boldsymbol{\omega}_1 + \boldsymbol{\omega}_2 \tag{5-12}$$

于是得结论:当刚体同时绕两相交轴转动时,合成运动为绕瞬轴的转动,绕瞬轴转动的角速度等于绕两轴转动的角速度的矢量和。

如果刚体绕相交于一点的 3 个轴或更多的轴转动时,可先把其中两个角速度矢 $\boldsymbol{\omega}_1$ 与 $\boldsymbol{\omega}_2$ 合成,然后用它们的合矢量作为相对角速度,把 $\boldsymbol{\omega}_3$ 作为牵连角速度,重复上面的合成过程;依此类推,就得到绕瞬轴转动的角速度,即

$$\boldsymbol{\omega} = \boldsymbol{\omega}_1 + \boldsymbol{\omega}_2 + \cdots + \boldsymbol{\omega}_n = \sum_{i=1}^{n} \boldsymbol{\omega}_i \tag{5-13}$$

于是得结论:当刚体同时绕相交于一点的多轴转动时,合成运动为绕瞬轴的转动。绕瞬轴转动的角速度等于绕各轴转动的角速度的矢量和,而瞬轴则沿此合矢量方向。

4. 平移与转动的合成

刚体的运动由平移与转动合成可分为以下几种情形。

(1) 平移速度矢与转动角速度矢垂直的情形

如图 5-21a 所示,刚体以角速度 $\boldsymbol{\omega}$ 绕 z' 轴转动,同时该轴以速度 $\boldsymbol{v}_{O'}$ 在垂直于 $\boldsymbol{\omega}$ 的方向平移,显然,刚体做平面运动。

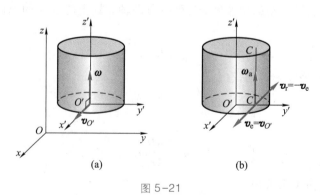

图 5-21

刚体的平面运动已在第 I 册第八章中做了详细分析。设图 5-21b 中轴 CC 上

各点速度在某瞬时均等于零,则该轴为转动瞬轴。瞬轴与 z' 轴平行,线段 $O'C$ 与速度 $\boldsymbol{v}_{O'}$ 垂直,且

$$O'C = \frac{v_{O'}}{\omega}$$

绕瞬轴转动的角速度 $\boldsymbol{\omega}_\mathrm{a}$ 等于绕动轴 z' 轴转动的角速度 $\boldsymbol{\omega}$。

（2）平移速度矢与转动角速度矢平行的情形

刚体绕 z' 轴转动,同时又沿轴向运动,如图 5-22 所示,这种运动称为**螺旋运动**。钻头、螺丝的运动就是螺旋运动。

取刚体上一点 O' 为基点,固连一个平移参考系 $O'x'y'z'$,则刚体的运动分解为平移（牵连运动）和转动（相对运动）,平移速度 $\boldsymbol{v}_{O'}$ 与转动角速度 $\boldsymbol{\omega}$ 平行。如果 $\boldsymbol{\omega}$ 与 $\boldsymbol{v}_{O'}$ 同向,称为右螺旋;反之,称为左螺旋。

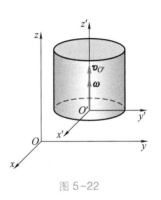

图 5-22

为了描述螺旋运动,把平移速度与转动角速度的比值 $\dfrac{v_{O'}}{\omega} = p$ 称为**螺旋率**。若以 s 表示刚体沿 z' 轴的轴向位移,φ 表示刚体绕 z' 轴的转角,则 $v_{O'} = \dfrac{\mathrm{d}s}{\mathrm{d}t}$,$\omega = \dfrac{\mathrm{d}\varphi}{\mathrm{d}t}$,螺旋率可写成

$$p = \frac{\mathrm{d}s}{\mathrm{d}\varphi} \tag{5-14}$$

它表示刚体绕轴转过单位角度时沿轴前进的距离。

在生产实际中,螺旋输送器的螺旋率比较大,而精密仪器中的调节螺丝的螺旋率则很小。

一般情况下,螺旋率为一常量。对式（5-14）积分一次,得

$$s = p\varphi$$

令 $\varphi = 2\pi$,则

$$s = 2\pi p$$

式中的 s 表示刚体转过一周沿轴前进的距离,称为**螺距**。

（3）平移速度矢与转动角速度矢成任意角的情形

如图 5-23a 所示,刚体以角速度 $\boldsymbol{\omega}$ 绕动轴 z' 轴转动,同时又以速度 $\boldsymbol{v}_{O'}$ 平移,$\boldsymbol{v}_{O'}$ 与 $\boldsymbol{\omega}$ 间的夹角为 θ。

把平移速度 $\boldsymbol{v}_{O'}$ 分解为两个分量:$\boldsymbol{v}_1$ 与 $\boldsymbol{\omega}$ 垂直,$\boldsymbol{v}_2$ 与 $\boldsymbol{\omega}$ 平行。刚体以速度 $\boldsymbol{v}_1$ 的平移和以角速度 $\boldsymbol{\omega}$ 的转动可以合为绕瞬轴 CC 的转动,如图 5-23b 所示。于是刚体的运动成为以 $\boldsymbol{v}_2$ 的平移和以 $\boldsymbol{\omega}$ 绕瞬轴 CC 的转动的合成运动,这种运动称为**瞬时螺旋运动**。

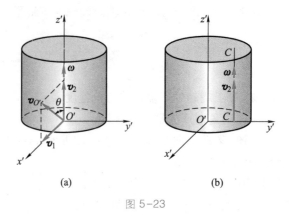

(a)   (b)

图 5-23

例 5-2　如图 5-24 所示,系杆 O_1O_2 以角速度 ω_e 绕 O_1 轴转动。半径为 r_2 的行星齿轮活动地套在与系杆一端固结的 O_2 轴上,并与半径为 r_1 的固定齿轮相啮合。求行星齿轮的绝对角速度 ω_2,以及它相对于系杆的角速度 ω_r。

解:由于行星齿轮与固定齿轮啮合,所以啮合点 C 的绝对速度等于零,该点就是行星齿轮的速度瞬心。按照式(5-9)有

$$\frac{r_1}{r_2} = \frac{\omega_r}{\omega_e}$$

于是行星齿轮相对于系杆的角速度为

$$\omega_r = \frac{r_1}{r_2}\omega_e$$

行星齿轮的绝对角速度为

$$\omega_2 = \omega_r + \omega_e = \left(1 + \frac{r_1}{r_2}\right)\omega_e$$

本题也可用另一种方法求解。在系杆上观察两轮的运动,两轮分别以 ω_{r1} 和 ω_{r2} 绕通过 O_1 和 O_2 的两定轴转动,如图 5-25 所示。此时宜将角速度视为代数量,以逆时针为正,它们的传动比为

$$\frac{\omega_{r2}}{\omega_{r1}} = \frac{-r_1}{r_2}$$

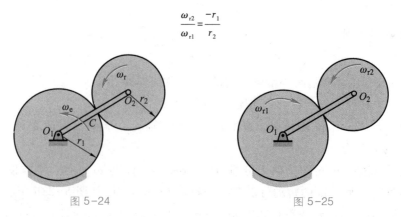

图 5-24   图 5-25

因为
$$0 = \omega_1 = \omega_e + \omega_{r1}, \quad \omega_2 = \omega_e + \omega_{r2} = \omega_e + \omega_r$$
可得 $\omega_{r1} = -\omega_e, \omega_{r2} = \omega_r$。代入前式,可得
$$\omega_r = \frac{r_1}{r_2}\omega_e$$
于是,有
$$\omega_2 = \left(1 + \frac{r_1}{r_2}\right)\omega_e$$

例 5-3　行星锥齿轮 Ⅱ 与固定锥齿轮 Ⅰ 相啮合,可绕动轴 OO_2 转动,而动轴 OO_2 以角速度 ω_e 绕定轴 OO_1 转动,如图 5-26a 所示。设在点 C 处轮 Ⅰ 的半径为 r_1,轮 Ⅱ 的半径为 r_2,求轮 Ⅱ 相对于动轴 OO_2 的角速度 ω_r。

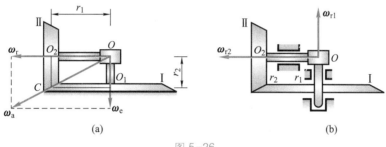

图 5-26

解:因为两齿轮啮合点 C 的速度等于零,可知 O、C 两点的连线为瞬轴。已知相对角速度 ω_r 沿动轴 OO_2,牵连角速度矢 ω_e 的大小已知,方向如图所示。于是可画出平行四边形,以绝对角速度 ω_a 为对角线。由图可见,角速度矢平行四边形与矩形 OO_2CO_1 相似,于是,有
$$\frac{\omega_r}{OO_2} = \frac{\omega_e}{OO_1}$$
或
$$\omega_r = \frac{OO_2}{OO_1}\omega_e = \frac{r_1}{r_2}\omega_e$$

本题还可用另一种方法求解。研究轮 Ⅰ 和轮 Ⅱ 相对于动轴 OO_2 的运动,如图 5-26b 所示。两轮相对于动轴 OO_2 的角速度分别为 ω_{r2} 和 ω_{r1},传动比为
$$\frac{\omega_{r2}}{\omega_{r1}} = \frac{r_1}{r_2}$$
将 $\omega_{r1} = \omega_e$ 代入上式,得
$$\omega_{r2} = \omega_r = \frac{r_1}{r_2}\omega_e$$

例 5-4　如图 5-27a 所示,框架 K 和轴 A 一起以角速度 ω 绕轴 Ⅰ-Ⅱ 转动。半径为 r_1 和 r_2 彼此固结的两个伞齿轮 B 和 C 可在轴 A 上自由转动。伞齿轮 B 与轴 Ⅰ 上半径为 R_1 的伞齿轮 D 啮合;伞齿轮 C 与轴 Ⅱ 上半径为 R_2 的伞齿轮 E 啮合。已知轴 Ⅰ 的角速度 ω_1 和轴 Ⅱ 的角速度 $\omega_{\text{Ⅱ}}$,求框架的角速度 ω 和伞齿轮 B 相对于框架的角速度 ω_{Br}。

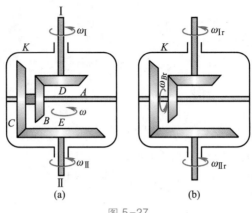

图 5-27

解：在图 5-27a 中，已画出轴 I 和轴 II 的角速度 ω_I 和 ω_{II} 的实际方向。设框架的角速度 ω 的转向与它们相同，则轴 I 和轴 II 相对于框架的角速度为

$$\omega_{Ir} = \omega_I - \omega, \quad \omega_{IIr} = \omega_{II} - \omega$$

设 ω_{Br} 的方向如图 5-27b 所示，则齿轮的传动关系如下：

$$\frac{\omega_{Ir}}{\omega_{Br}} = \frac{r_1}{R_1}, \quad \frac{\omega_{IIr}}{\omega_{Br}} = -\frac{r_2}{R_2}$$

式中的负号表示根据图示传动关系，ω_{IIr} 和 ω_{Br} 中必定有一个的转向与图示的转向相反。因此，有

$$\frac{\omega_I - \omega}{\omega_{II} - \omega} = -\frac{r_1 R_2}{r_2 R_1}$$

解得

$$\omega = \frac{r_2 R_1 \omega_I + r_1 R_2 \omega_{II}}{r_2 R_1 + r_1 R_2}$$

由 $\omega_{Br} = \dfrac{R_1}{r_1} \omega_{Ir} = \dfrac{R_1}{r_1}(\omega_I - \omega)$，解得

$$\omega_{Br} = \frac{R_1 R_2}{r_2 R_1 + r_1 R_2}(\omega_I - \omega_{II})$$

例 5-5 已知陀螺绕定点运动时，如图 5-28 所示用 3 个欧拉角表示的运动方程为

$$\psi = 2t^2 + 3t, \quad \theta = \frac{\pi}{6}, \quad \varphi = 24t$$

式中，t 以 s 计，ψ、θ、φ 以 rad 计。求 $t = 1$ s 时陀螺绕瞬轴转动的角速度。

解：以欧拉角表示的运动方程对时间 t 取一阶导数，分别是刚体绕定轴 z 轴、节线 ON 和动轴 z' 轴的角速度，即

$$\omega_\psi = 4t + 3 \quad (\omega_\psi \text{ 以 rad/s 计}, t \text{ 以 s 计})$$

$$\omega_\theta = 0, \quad \omega_\varphi = 24 \text{ rad/s}$$

当 $t = 1$ s 时，$\omega_\psi = 7$ rad/s，$\omega_\theta = 0$，$\omega_\varphi = 24$ rad/s。它们都是正值，角速度矢分别指向对应轴的

正向,如图中箭头所示。于是陀螺的运动为同时绕相交于点 O 的 3 个轴的转动,绕瞬轴转动的角速度 $\boldsymbol{\omega}_a$ 等于这 3 个角速度的矢量和,即

$$\boldsymbol{\omega}_a = \boldsymbol{\omega}_\psi + \boldsymbol{\omega}_\theta + \boldsymbol{\omega}_\varphi$$

因为 $\boldsymbol{\omega}_\theta = \mathbf{0}$,所以由 $\boldsymbol{\omega}_\varphi$ 和 $\boldsymbol{\omega}_\psi$ 为两边做出的平行四边形的对角线就是绕瞬轴转动的角速度 $\boldsymbol{\omega}_a$。

于是可求得 $\boldsymbol{\omega}_a$ 的大小和方向分别为

$$\omega_a = \sqrt{\omega_\varphi^2 + \omega_\psi^2 + 2\omega_\varphi \omega_\psi \cos\theta}$$

$$\beta = \arcsin \frac{\omega_\varphi \sin(180° - \theta)}{\omega_a}$$

将已知数值代入,得

$$\omega_a = 30.27 \text{ rad/s}, \quad \beta = 23°21'33''$$

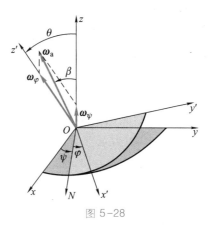

图 5-28

§5-4　陀螺仪近似理论

在日常生活中,我们常常看见一些奇特的现象。例如,当玩具陀螺未转动时,如果将它上抛,它将在空中翻筋斗,如图 5-29a 所示;如果使它绕对称轴高速转动后再上抛,如图 5-29b 所示,则陀螺将保持对称轴的方向不变。此外,我们还常见到,当陀螺静立在地面上时,稍有一点扰动,陀螺就会由于重力而倒下。但是,当陀螺绕其对称轴高速转动时,即使对称轴偏离铅垂线,陀螺将绕铅垂线晃动,也不倒下,如图 5-30 所示。

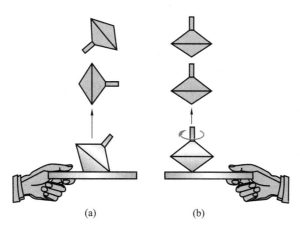

（a）　　　　　（b）

图 5-29

以上列举的现象称为陀螺现象。

工程中把具有一个固定点,并绕自身的对称轴高速转动的刚体称为陀螺。陀螺现象可用来设计某些仪器或装置,用以调整物体的运动方向或使物体的运动稳

定,例如,指向用的陀螺罗盘、航空地平仪、鱼雷的定向装置、船舶的稳定器等。陀螺现象有时是有害的,例如,装置在船舶上的汽轮机、电动机,当船发生摆动或转弯时,支承转子的轴承将受到附加的动压力作用,严重时将遭到破坏。

为了有效地利用或控制陀螺现象,了解这种现象的本质和基本规律是十分必要的。下面研究陀螺的运动规律。

设陀螺以角速度 $\boldsymbol{\omega}$ 绕对称轴 z' 轴转动,同时 z' 轴又以角速度 $\boldsymbol{\omega}_e$ 绕定轴 z 轴转动,如图 5-31 所示,前者称为**自转**,后者称为**进动**。由 §5-3 知,刚体将以绝对角速度 $\boldsymbol{\omega}_a$ 绕定点 O 运动,且

$$\boldsymbol{\omega}_a = \boldsymbol{\omega}_e + \boldsymbol{\omega}$$

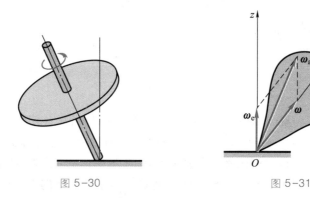

图 5-30   图 5-31

设陀螺对定点 O 的动量矩为 $\boldsymbol{L}_O$,外力对点 O 的主矩为 $\boldsymbol{M}_O^{(e)}$。根据动量矩定理有

$$\frac{\mathrm{d}\boldsymbol{L}_O}{\mathrm{d}t} = \boldsymbol{M}_O^{(e)} \tag{5-15}$$

在一般情况下,$\boldsymbol{L}_O$、$\boldsymbol{M}_O^{(e)}$ 与自转轴 z' 轴不重合。

工程中遇到的陀螺都是绕自身对称轴做高速转动的刚体,其自转角速度 ω 高达每分钟数万转,而进动角速度 ω_e 很小,一般有 $\omega \gg \omega_e$。因此可近似地认为 $\boldsymbol{\omega}_a \approx \boldsymbol{\omega}$,即陀螺的绝对角速度矢 $\boldsymbol{\omega}_a$ 与对称轴 z' 轴重合,其大小与自转角速度 ω 的值相等。于是,陀螺对于定点 O 的动量矩矢 $\boldsymbol{L}_O$ 可用下列近似公式表示:

$$\boldsymbol{L}_O \approx J_{z'}\boldsymbol{\omega} \tag{5-16}$$

其中,$J_{z'}$ 是陀螺对于对称轴 z' 轴的转动惯量。动量矩矢近似与对称轴 z' 轴重合,其大小等于 $J_{z'}\omega$。

在上述简化条件下,可应用动量矩定理阐明陀螺运动的近似理论。在许多工程技术领域内,陀螺的近似理论具有足够的准确性,得到了广泛的应用。

质点系运动过程中,其动量矩是变化的;如以矢径 $\overrightarrow{OA}$ 表示质点系对固定点 O 的动量矩 $\boldsymbol{L}_O$,$\overrightarrow{OA}$ 将固连于点 O 而在空间不断变动,如图 5-32 所示。按运动学理

解,该矢径对时间 t 的一阶导数,相当于矢端点 A 的速度 u,即

$$u = \frac{\mathrm{d}L_O}{\mathrm{d}t}$$

代入式(5-15),得

$$u = M_O^{(e)} \qquad (5-17)$$

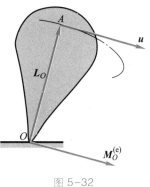

式(5-17)为质点系动量矩定理的运动学解释,称为
赖柴定理:质点系对某定点的动量矩矢端的速度,等
于外力对于同一点的主矩。即动量矩矢端点 A 的速
度大小与外力主矩的大小相等,方向与外力主矩的
方向相同。u 具有力矩的量纲,可理解为广义速度。
当力矩 M 开始或终止作用时,点 A 就立即获得或丧

图 5-32

失全部速度 u,无需时间过程。按陀螺近似理论,其动量矩矢与对称轴重合,因此,
外力主矩也就决定了对称轴的运动。现在应用上述结论来分析陀螺运动的几个重
要特性。

1. 自由陀螺保持自身对称轴在惯性参考系中的方位不变

图 5-33 中的陀螺,由固定圆环中的两个可动圆环支持,以保持其质心 O 不
动。不计摩擦,外力对其质心 O 的力矩为零,这种陀螺称为自由陀螺。由于 $M_O^{(e)} =$
$0, \dfrac{\mathrm{d}L_O}{\mathrm{d}t} = 0$,得 L_O 为常量。

对于高速自转的陀螺,动量矩矢 L_O 的方向与自
转轴 z' 轴重合,因此动量矩矢方向不变,也就是对称
轴的方位保持不变。

在现代的工程技术中,这一性质得到了广泛的
应用。例如,鱼雷中安装的导向系统多用自由陀螺
作为该系统的定向元件。当鱼雷在发射器中瞄准
后,陀螺仪的转子开始绕自己的对称轴高速转动。
如果陀螺对称轴指向目标,鱼雷发射后一旦偏离了
目标,则由于自由陀螺的定向性,对称轴仍指向目
标,这时鱼雷的纵轴(前进方向)与陀螺的对称轴产

图 5-33

生相对偏角 β,如图 5-34 所示,于是调节系统开始工作,对鱼雷的前进方向作适当
调整,以保证命中目标。类似的陀螺仪在航空仪表中也作为定向元件以指示飞机
的姿态。

2. 陀螺受力矩作用,当力矩矢与对称轴不重合时,对称轴将进动

图 5-35 所示的陀螺,重心 C 与定点 O 不重合,当对称轴偏离铅垂线时,重力 P
对定点 O 的力矩为 $M_O(P) = r_C \times P$。其中,r_C 为重心 C 的矢径,力矩矢垂直于 z' 轴
和重力 P,亦即垂直于平面 Ozz',指向如图所示。

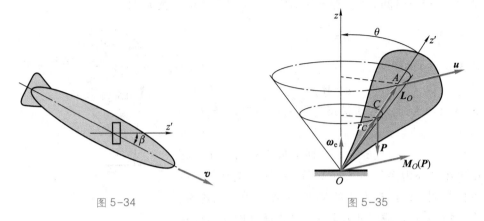

图 5-34　　　　　　　　　　　　　　　　　图 5-35

根据赖柴定理,陀螺动量矩矢端点 A 的速度 u 等于重力 P 对于点 O 的力矩,即

$$u = M_O(P)$$

其方向与重力 P 垂直,而不改变 θ 角。在重力 P 的持续作用下,对称轴 z' 轴将绕定轴 z 轴转动,这种运动称为进动。由图可见,在重力 P 作用下,陀螺对称轴 z' 轴不是直观地倒下,而是沿圆锥面进动。

陀螺在任意力矩作用下,只要力矩矢与对称轴不重合,都会发生进动现象,其对称轴上点的运动方向与力矩矢的方向一致,与作用力的方向垂直。

设进动角速度为 $\boldsymbol{\omega}_e$,则动量矩矢端 A 的速度为

$$u = \boldsymbol{\omega}_e \times L_O = \boldsymbol{\omega}_e \times J_{z'}\boldsymbol{\omega}$$

设外力主矩为 $M_O^{(e)}$,则 $u = M_O^{(e)}$ 可写成

$$\boldsymbol{\omega}_e \times J_{z'}\boldsymbol{\omega} = M_O^{(e)}$$

于是得进动角速度的大小为

$$\omega_e = \frac{M_O^{(e)}}{J_{z'}\omega \sin \theta} \tag{5-18}$$

式中,θ 为自转轴 z' 轴与进动轴 z 轴之间的夹角。

由上式可知,陀螺的自转角速度 ω 越大,则进动角速度 ω_e 越小;当陀螺的自转角速度 ω 由于摩擦影响逐渐减小时,进动角速度 ω_e 会逐渐增大。

3. 陀螺效应和陀螺力矩

陀螺效应是在高速转动的机械中,当转子的对称轴的方位改变时发生的一种物理现象。

设转子以角速度 $\boldsymbol{\omega}$ 绕对称轴 z 轴高速转动,如图 5-36 所示,它的动量矩矢 $L = J_z\boldsymbol{\omega}$,方向沿此对称轴。当轴线不动时,轴承约束力在铅直平面内,并与重力平衡。

如果转子安装在飞机、轮船或其他可动的物体上,由于这些物体的运动,迫使

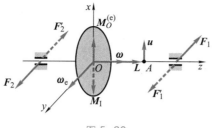

图 5-36

对称轴 z 轴改变方向。如果 z 轴以角速度 $\boldsymbol{\omega}_e$ 绕 y 轴转动,则动量矩矢端点 A 获得速度 $\boldsymbol{u}$,且

$$\boldsymbol{u} = \boldsymbol{\omega}_e \times \boldsymbol{L}$$

根据赖柴定理知,这时作用于转子的外力主矩矢量的方向与 $\boldsymbol{u}$ 一致,由于重力矩等于零,显然外力主矩 $\boldsymbol{M}_O^{(e)}$ 就是轴承的动约束力 $\boldsymbol{F}_1$ 和 $\boldsymbol{F}_2$ 所组成的力偶的力偶矩,这两个力与 $\boldsymbol{u}$ 垂直,在水平面内,指向如图所示。于是得

$$\boldsymbol{M}_O^{(e)} = \boldsymbol{u} = \boldsymbol{\omega}_e \times J_z \boldsymbol{\omega}$$

根据作用与反作用定律,转子同时对轴承作用两个力 $\boldsymbol{F}_1'$ 和 $\boldsymbol{F}_2'$,它们与轴承约束力 $\boldsymbol{F}_1$ 和 $\boldsymbol{F}_2$ 等值而反向。由 $\boldsymbol{F}_1'$ 与 $\boldsymbol{F}_2'$ 组成的力偶的力偶矩称为陀螺力矩(或称回转力矩),以 $\boldsymbol{M}_g$ 记之。前面已讲了,陀螺的进动是受到了外力矩的作用。由达朗贝尔原理,这个外力矩必与惯性力矩构成平衡力系,这个惯性力矩就是陀螺力矩,它是作用在施力体(轴承)上的。显然有

$$\boldsymbol{M}_g = -\boldsymbol{M}_O^{(e)} = J_z \boldsymbol{\omega} \times \boldsymbol{\omega}_e \qquad (5-19)$$

由此可知,当机械中高速转动部件的对称轴被迫在空间改变方位时,即对称轴被迫进动时,转动部件必对约束作用一个附加力偶,这种现象称为陀螺效应,这个附加力偶的力偶矩由上式决定。

一方面,陀螺效应可能使机器零件(特别是轴承)由于附加压力过大而损坏,因此在设计时应加以考虑;另一方面,陀螺效应也常被有效地加以利用,航海陀螺稳定器就是利用陀螺效应的一个例子。

图 5-37 所示为轮船上的陀螺稳定器的示意图。转子以角速度 $\boldsymbol{\omega}$ 绕对称轴 AA 轴高速转动,AA 轴的轴承座与环座(图中的方框)固连,并可绕 DD 轴转动。当轮船受风浪的干扰力矩 M 作用而绕船纵轴晃动时,调节系统令环座以角速度 $\boldsymbol{\omega}_e$ 绕 DD 轴转动,迫使自转轴进动。这时轴承受到由环座施加的附加压力 $\boldsymbol{F}_1'$ 和 $\boldsymbol{F}_2'$ 作用,这两力组成的陀螺力矩恰好与干扰力矩的方向相反,使船体维持原来的平衡状态。当风浪的干扰力矩的方向改变时,调节系令环座的角

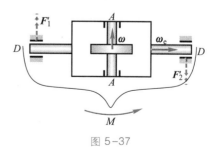

图 5-37

速度 $\boldsymbol{\omega}_e$ 的方向也同时改变,使陀螺力矩总是与干扰力矩的方向相反,以保持船身运动的稳定。

例 5-6　轮船上的汽轮机转子的转动轴沿船的纵轴 x,转子对转轴的转动惯量为 J_x,转子的角速度为 ω,如图 5-38 所示。如轮船绕横轴 y 摆动,设摆动的规律是简谐振动,摆幅为 β_0,周期为 τ,已知两轴承之间的距离为 l,求汽轮机转子的陀螺力矩和对轴承的压力。

解:根据题意,轮船绕 y 轴摆动的规律为

$$\beta = \beta_0 \sin \frac{2\pi}{\tau} t$$

当轮船摆动时,汽轮机转子受迫进动,其进动角
速度为

$$\omega_e = \frac{\mathrm{d}\beta}{\mathrm{d}t} = \beta_0 \frac{2\pi}{\tau} \cos \frac{2\pi}{\tau} t$$

陀螺力矩的大小为

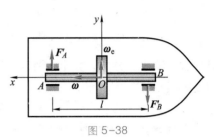

图 5-38

$$M_g = J_x \omega \beta_0 \frac{2\pi}{\tau} \cos \frac{2\pi}{\tau} t$$

M_g 为正时,其转向为顺时针转向。

转子对轴承 A、B 的最大压力为

$$F'_{A\max} = F'_{B\max} = \frac{2\pi\beta_0 J_x \omega}{l\tau}$$

例 5-7　碾子 A 在水平面上做纯滚动,如图 5-39 所示。杆 OA 以角速度 $\boldsymbol{\omega}_e$ 绕铅垂轴转动。设碾子质量为 m,半径为 R,杆 OA 长为 l。求碾子滚动时对平面的附加压力。

解:碾子绕 OA 轴自转,自转角速度为 ω,同时 OA 轴以角速度 ω_e 绕铅垂轴转动。因碾子做纯滚动,点 C 为瞬心,有

$$v_A = \omega_e l = \omega R$$

或

$$\omega = \frac{l}{R} \omega_e$$

碾子的运动可视为陀螺受迫进动,进动角速度为 $\boldsymbol{\omega}_e$。

设由于陀螺效应,碾子对平面有附加压力 F'_N,陀螺力矩按照式(5-19)计算为

$$M_g = F'_N l = J_A \omega \omega_e$$

式中,J_A 是碾子对于中心轴 OA 的转动惯量,于是得

$$F'_N = \frac{J_A \omega \omega_e}{l} = \frac{J_A \omega_e^2}{R}$$

设碾子的回转半径为 $\rho_z = 400$ mm,$R = 500$ mm,$\omega_e = 3\pi$ rad/s,则

$$J_A = m\rho_z^2, \quad F'_N = \frac{m\rho_z^2 \omega_e^2}{R} = 2.9mg$$

由此可见,附加压力为碾子重力的 2.9 倍,实际压力还需计入碾子的重量,即总压力为 $3.9mg$。

5-1 刚体绕定点 O 运动时,根据下述条件如何确定其瞬轴?

(1)已知其上两点 A、B 的速度相同;

(2)已知其上两点 A、B 的速度方向,且两个速度方向不平行。

5-2 绕定点运动刚体上任一点 M 的速度为 v,转动加速度为 a_1,绕瞬轴的轴向加速度为 a_2,v、a_1、a_2 皆不为零,试判断下述说法是否正确。

(1)a_1 必与 v 共线;

(2)a_1 必与角速度矢 ω 垂直;

(3)a_1 必与 a_2 垂直;

(4)a_1 必与角加速度矢 α 垂直;

(5)a_2 必与 v 垂直;

(6)a_2 必与角加速度矢 α 垂直;

(7)a_2 必与角速度矢 ω 垂直;

(8)a_2 必指向定点 O;

(9)a_1 必垂直于该点矢径 r。

5-3 刚体自由运动时,其上任意两点的速度在这两点连线上的投影是否一定相等?

5-4 刚体自由运动时,若某瞬时其上不共线的某三点加速度矢相同,试判断下述说法是否正确。

(1)该瞬时刚体上所有点的速度必相等;

(2)该瞬时刚体上所有点的加速度必相等。

5-5 刚体绕定点运动时,一般情况下其角速度矢 ω 与角加速度矢 α 是否在同一直线上?

5-6 刚体绕两个平行轴转动的合成是否为平面运动?两平行轴转动合成的分析方法与基点法有什么异同?

习 题

习题:第五章

刚体定点
运动等

5-1 曲柄 OA 绕固定齿轮中心的 O 轴转动,在曲柄 OA 上安装一双齿轮和一小齿轮,如图所示。已知:曲柄 OA 转速 $n_0 = 30 \text{ r/min}$;固定齿轮齿数 $z_0 = 60$,双齿轮齿数 $z_1 = 40$ 和 $z_2 = 50$,小齿轮齿数 $z_3 = 25$。求小齿轮的转速和转向。

5-2 在周转传动装置中,半径为 R 的主动齿轮以角速度 ω_0 和角加速度 α_0 做逆时针转动,而长为 $3R$ 的曲柄 OA 绕轴 O 做顺时针转动,转动的角速度 $\omega_{OA} = \omega_0$,角加速度 $\alpha_{OA} = \alpha_0$,如图所示。点 M 位于半径为 R 的从动齿轮上,在垂直于曲柄 OA 的直径的末端。求点 M 的速度和加速度。

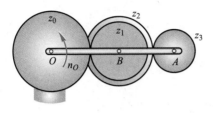

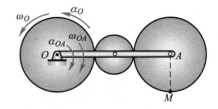

题 5-1 图　　　　　　　　　　题 5-2 图

5-3　在齿轮减速器中,主动轴角速度为 ω,齿轮 Ⅱ 与定齿轮 Ⅴ 相内啮合。齿轮 Ⅱ 和 Ⅲ 又分别与动齿轮 Ⅰ 和 Ⅳ 相外啮合。如齿轮 Ⅰ、Ⅱ 和 Ⅲ 的半径分别为 r_1、r_2 和 r_3,求齿轮 Ⅰ 和 Ⅳ 的角速度。

5-4　自动多头钻床采用的送进机构为行星减速轮系,如图所示。齿轮 Ⅰ 固定在机架外壳上,齿轮 Ⅳ 是中心轮,做定轴转动,行星轮 Ⅱ 与 Ⅲ 固结一体可绕系杆 H 上的 O_2 轴转动,系杆 H 又绕固定轴转动。设 $z_1 = 20$, $z_2 = 22$, $z_3 = 21$, $z_4 = 21$,求传动比 $i_{4H} = \dfrac{\omega_4}{\omega_H}$ 之值。

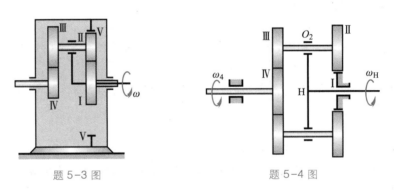

题 5-3 图　　　　　　　　　　题 5-4 图

5-5　图示一双重差动机构,其构造如下:曲柄 Ⅲ 绕固定轴 AB 转动,在曲柄 Ⅲ 上活动地套一行星齿轮 Ⅳ,此行星齿轮由两个半径分别为 $r_1 = 50$ mm 和 $r_2 = 20$ mm 的锥齿轮牢固地连接而成。这两个锥齿轮又分别与半径各为 $R_1 = 100$ mm 和 $R_2 = 50$ mm 的另外两个锥齿轮 Ⅰ 和 Ⅱ 相啮合。锥齿轮 Ⅰ 和 Ⅱ 均可绕 AB 轴转动,但不与曲柄 Ⅲ 相连,其角速度分别为 $\omega_1 = 4.5$ rad/s, $\omega_2 = 9$ rad/s。如两齿轮转动方向相同,求曲柄 Ⅲ 的角速度 ω_3 和行星齿轮相对于曲柄 Ⅲ 的角速度 ω_{4r}。

5-6　圆锥滚子轴承由紧套在轴上的内环、装在机身上的外环和一些圆锥滚子组成。如果圆锥滚子无滑动,而转子角速度为常量 ω。试在图示尺寸下求圆锥滚子的角速度和角加速度。

5-7　锥齿轮的轴通过平面支座齿轮的中心 O,如图所示。锥齿轮在支座齿轮上滚动,每分钟绕铅垂轴转 5 周。如 $R = 2r$,求锥齿轮绕其自身 OC 轴转动的角速度 ω_r 和绕瞬轴转动的角速度 ω。

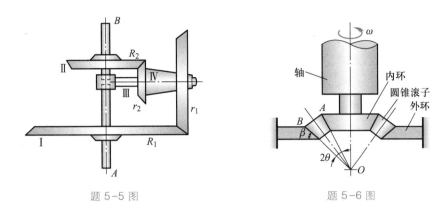

題 5-5 图　　　　　　　　　　　　題 5-6 图

5-8　陀螺以匀角速度 ω_1 绕 OB 轴转动,而 OB 轴匀速地画出一圆锥,如图所示。如陀螺的中心轴 OB 绕轴 OS 每分钟的转数为 n,$\angle BOS = \theta$(常量),求陀螺的角速度 ω 和角加速度 α。

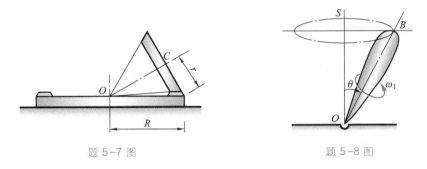

題 5-7 图　　　　　　　　　　　　題 5-8 图

5-9　图示圆盘以角速度 ω_1 绕水平轴 CD 转动,同时 CD 轴以角速度 ω_2 绕通过圆盘中心点 O 的铅垂轴 AB 转动。$\omega_1 = 5$ rad/s,$\omega_2 = 3$ rad/s,求圆盘的合成角速度 $\boldsymbol{\omega}$ 和瞬时角加速度 $\boldsymbol{\alpha}$ 的大小和方向。

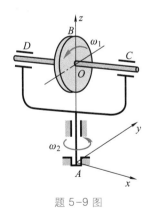

題 5-9 图

5-10　船式起重机桅柱高 $OB = 6$ m,起重臂 $AB = 4$ m,它绕桅柱 z 轴转动的规律是

$\psi(t) = 0.1t$[式中 $\psi(t)$ 以 rad 计],船体绕纵轴 O 左右摇晃的规律是 $\varphi(t) = 0.1\sin\dfrac{\pi}{6}t$ [式中 $\varphi(t)$ 以 rad 计]。当 $t = 6$ s 时,起重臂正好垂直于船体纵轴,如图所示。求此时点 A 的绝对速度和绝对加速度。

5-11 人造地球卫星以恒定的角速度 $\omega_1 = 0.5$ rad/s 绕 z 轴转动,太阳能电池板以恒定角速度 $\omega_2 = 0.25$ rad/s 绕 y 轴转动。坐标系 $Oxyz$ 固结在人造地球卫星上,尺寸如图所示。图示瞬时 $\theta = 30°$,忽略点 O 的加速度,求此瞬时太阳能电池板的绝对角加速度 $\boldsymbol{\alpha}$ 和点 A 的绝对加速度 $\boldsymbol{a}_A$。

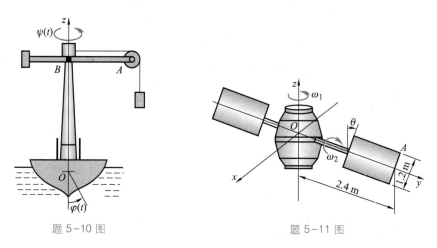

题 5-10 图   题 5-11 图

5-12 图示机器人的手臂在铅垂面内的转角用 $\varphi(t)$ 表示。设 $t = 1$ s 时,机器人的手臂在铅垂面内的位置如图所示。试分别在下列各种条件下求手腕处点 B 的绝对速度和绝对加速度。

(1) $\varphi(t) = \dfrac{\pi}{2}\sin\dfrac{\pi}{6}t$,小臂伸长规律为 $s(t) = 0.2t^2$,$OA = 0.8$ m,$s_1(t)$ 和 $\psi(t)$ 不变;

(2) $\varphi(t) = \dfrac{\pi}{3}t$,手臂绕铅垂轴 z 转动的规律是 $\psi(t) = \dfrac{\pi}{6}t^2$,$OA = 0.8$ m,$AB = 0.2$ m,$s_1(t)$ 和 $s(t)$ 不变;

(3) $\varphi(t) = \dfrac{\pi}{6}\cos\pi t$,机器人向右移动的规律是 $s_1(t) = 0.1t^2$,$OA = 0.8$ m,$AB = 0.2$ m,$s(t)$ 和 $\psi(t)$ 不变。

以上各式中,$\varphi(t)$、$\psi(t)$ 以 rad 计,t 以 s 计,$s(t)$、$s_1(t)$ 以 m 计。

5-13 图示电动机托架 OB 以匀角速度 $\omega = 3$ rad/s 绕 z 轴转动,电动机轴带着半径为 120 mm 的圆盘以恒定的角速度 $\dot{\varphi} = 8$ rad/s 自转。设 $\gamma = 30°$,此时圆盘最高点 A 的速度、加速度,以及圆盘的绝对角速度、角加速度。

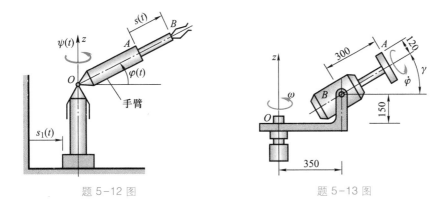

题 5-12 图   题 5-13 图

5-14 圆锥滚子在水平的圆锥环形支座上滚动而不滑动。圆锥滚子底面半径 $R=100\sqrt{2}$ mm，顶角 $2\theta=90°$，圆锥滚子中心 A 沿其轨迹运动的速度 $v_A=0.2$ m/s。求圆锥滚子上点 C、B 的速度和加速度。

5-15 轴 AB 长 $l=1$ m，水平地支在中点 O 上，如图所示。在轴 AB 的 A 端有一质量 $m_1=2.5$ kg 不计尺寸的重物；B 端有一质量 $m_2=5$ kg 的圆轮，轴 AB 的质量忽略不计。设圆轮的质量均匀地分布在半径 $r=0.4$ m 的圆周上，圆轮的转速为 600 r/min，转向如图所示。求系统绕铅垂轴转动的进动角速度 ω。

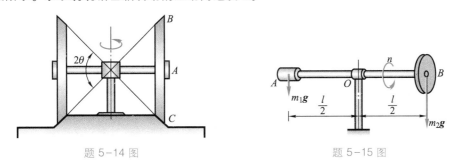

题 5-14 图   题 5-15 图

5-16 图示正方形框架 $ABDC$ 以匀角速度 ω_e 绕铅垂轴转动，而转子又以角速度 ω 相对于框架对角线高速转动。已知转子是半径为 r、质量为 m 的均质实心圆盘，轴承的距离 $EF=l$。求轴承 E 和 F 受到的陀螺压力。

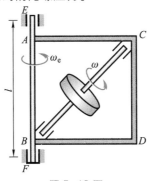

题 5-16 图

5-17 如图所示,飞机发动机的涡轮转子对其转轴的转动惯量为 $J=22\ \text{kg}\cdot\text{m}^2$,转速 $n=10\,000\ \text{r/min}$,轴承 A、B 间的距离 $l=0.6\ \text{m}$。若飞机以角速度 $\omega=0.25\ \text{rad/s}$ 在水平面内绕铅垂轴 x 按图示方向旋转,求发动机转子的陀螺力矩和轴承上受到的陀螺压力。

5-18 如图所示,海轮上的汽轮机转子质量 $m=2\,500\ \text{kg}$,对于其转轴的回转半径 $\rho=0.9\ \text{m}$,转速 $n=1\,200\ \text{r/min}$,且转轴平行于海轮的纵轴 z。轴承 A、B 间的距离 $l=1.9\ \text{m}$,设船体绕横轴 y 发生俯仰摆动,俯仰角 β 按下列规律变化:$\beta=\beta_0\sin\dfrac{2\pi}{\tau}t$,其中最大俯仰角 $\beta_0=6°$,摆动周期 $\tau=6\ \text{s}$。求汽轮机转子的陀螺力矩和轴承上受到的陀螺压力。

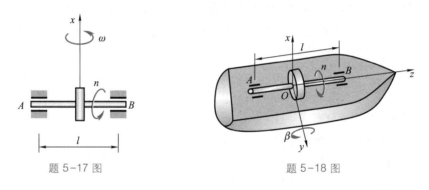

题 5-17 图　　　　　　　　题 5-18 图

第六章
变质量动力学

变质量动力学研究物体质量变化过程中的动力学问题,研究范畴仍然是速度远小于光速的宏观物体的机械运动。因此它的理论是在经典力学基本定律上建立的,属于经典力学范畴。

本章将研究变质量物体的运动微分方程、动量定理、动量矩定理及动能定理。

§6-1 变质量质点的运动微分方程

有些物体在运动过程中质量不断增加或减少,例如,火箭在飞行时不断地喷出燃料燃烧后产生的气体,火箭的质量不断减小,因此飞行中的火箭是质量变化的物体;又如不断吸进空气又喷出燃气的喷气式飞机、投掷载荷的飞机、在农业收割机旁不断接收粮食的汽车,以及江河中不断凝聚或融化的浮冰等,都是变质量的物体。

当变质量物体做平移,或只研究它们的质心的运动时,可简化为变质量质点来研究。

1. 变质量质点的运动微分方程

设变质量质点在瞬时 t 的质量为 m,速度为 $\boldsymbol{v}$;在瞬时 $t+\mathrm{d}t$,有微小质量 $\mathrm{d}m$ 并入,这时质点的质量为 $m+\mathrm{d}m$,速度为 $\boldsymbol{v}+\mathrm{d}\boldsymbol{v}$;微小质量 $\mathrm{d}m$ 在尚未并入的瞬时 t,它的速度为 $\boldsymbol{v}_1$,如图 6-1 所示。

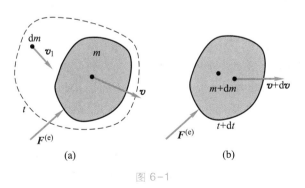

图 6-1

以原质点与并入的微小质量组成质点系。设作用于质点系的外力为 $\boldsymbol{F}^{(e)}$。

质点系在瞬时 t 的动量为

$$p_1 = m\boldsymbol{v} + \mathrm{d}m \cdot \boldsymbol{v}_1$$

质点系在瞬时 $t+\mathrm{d}t$ 的动量为

$$p_2 = (m+\mathrm{d}m)(\boldsymbol{v}+\mathrm{d}\boldsymbol{v})$$

根据动量定理

$$\mathrm{d}\boldsymbol{p} = \boldsymbol{p}_2 - \boldsymbol{p}_1 = \boldsymbol{F}^{(\mathrm{e})}\mathrm{d}t$$

得

$$(m+\mathrm{d}m)(\boldsymbol{v}+\mathrm{d}\boldsymbol{v}) - (m\boldsymbol{v}+\mathrm{d}m \cdot \boldsymbol{v}_1) = \boldsymbol{F}^{(\mathrm{e})}\mathrm{d}t$$

将上式展开得

$$m\mathrm{d}\boldsymbol{v} + \mathrm{d}m \cdot \boldsymbol{v} + \mathrm{d}m \cdot \mathrm{d}\boldsymbol{v} - \mathrm{d}m \cdot \boldsymbol{v}_1 = \boldsymbol{F}^{(\mathrm{e})}\mathrm{d}t$$

略去高阶微量 $\mathrm{d}m \cdot \mathrm{d}\boldsymbol{v}$，并以 $\mathrm{d}t$ 除各项，得

$$m\frac{\mathrm{d}\boldsymbol{v}}{\mathrm{d}t} + \frac{\mathrm{d}m}{\mathrm{d}t}\boldsymbol{v} - \frac{\mathrm{d}m}{\mathrm{d}t}\boldsymbol{v}_1 = \boldsymbol{F}^{(\mathrm{e})}$$

或

$$m\frac{\mathrm{d}\boldsymbol{v}}{\mathrm{d}t} - \frac{\mathrm{d}m}{\mathrm{d}t}(\boldsymbol{v}_1 - \boldsymbol{v}) = \boldsymbol{F}^{(\mathrm{e})} \tag{6-1}$$

式中，$(\boldsymbol{v}_1 - \boldsymbol{v})$ 是微小质量 $\mathrm{d}m$ 在并入前相对于质点 m 的相对速度 $\boldsymbol{v}_\mathrm{r}$，令

$$\boldsymbol{F}_\varPhi = \frac{\mathrm{d}m}{\mathrm{d}t}\boldsymbol{v}_\mathrm{r} \tag{6-2}$$

则式(6-1)改写为

$$m\frac{\mathrm{d}\boldsymbol{v}}{\mathrm{d}t} = \boldsymbol{F}^{(\mathrm{e})} + \boldsymbol{F}_\varPhi \tag{6-3}$$

上式称为变质量质点的运动微分方程。式中 m 是变量，$\dfrac{\mathrm{d}m}{\mathrm{d}t}$ 是代数量。

变质量质点的运动微分方程是求解变质量质点运动规律的基本方程，在形式上与常质量质点运动微分方程相似，只是在右端多了一项 $\boldsymbol{F}_\varPhi$。当 $\dfrac{\mathrm{d}m}{\mathrm{d}t} > 0$ 时，$\boldsymbol{F}_\varPhi$ 与 $\boldsymbol{v}_\mathrm{r}$ 同向。对于像火箭等质量不断减小的物体，$\dfrac{\mathrm{d}m}{\mathrm{d}t} < 0$，$\boldsymbol{F}_\varPhi$ 的方向与燃气喷出火箭的相对速度 $\boldsymbol{v}_\mathrm{r}$ 方向相反，或 $\boldsymbol{F}_\varPhi$ 与火箭发射的方向一致。因 $\boldsymbol{F}_\varPhi$ 具有力的量纲且与喷气方向相反，常称为反推力。火箭就是靠反推力而加速的。

如果并入或放出的质量的相对速度 $v_\mathrm{r} = 0$，则式(6-3)变为牛顿第二定律的形式。即使是这种情况，它与牛顿第二定律在本质上也不相同，因为式(6-3)中的 $m = m(t)$ 是时间 t 的函数，而牛顿第二定律中的质量是常量。

如果微小质量 $\mathrm{d}m$ 在并入前或放出后瞬时的绝对速度 $v_1 = 0$，则式(6-1)变为

$$\boldsymbol{F}^{(\mathrm{e})} = m\frac{\mathrm{d}\boldsymbol{v}}{\mathrm{d}t} + \boldsymbol{v}\frac{\mathrm{d}m}{\mathrm{d}t} = \frac{\mathrm{d}(m\boldsymbol{v})}{\mathrm{d}t}$$

此式与质点的动量定理形式相同。但两者仍有区别：此式中质点的质量 $m = m(t)$

是时间的函数。

2. 常用的几种质量变化规律

这里介绍两种应用最广的质量变化规律。

（1）质量按线性规律变化。设变化规律为

$$m = m_0(1-\beta t), \quad \beta t < 1 \tag{6-4}$$

式中，m_0、β 皆为常数，该式代表质量随时间呈线性变化。由 $\dfrac{\mathrm{d}m}{\mathrm{d}t} = -m_0\beta$ 知，其反推力为

$$\boldsymbol{F}_\Phi = \frac{\mathrm{d}m}{\mathrm{d}t}\boldsymbol{v}_\mathrm{r} = -m_0\beta\boldsymbol{v}_\mathrm{r} \tag{6-5}$$

可见，当 $\boldsymbol{v}_\mathrm{r}$ 为常量时，反推力也为常量，且与 $\boldsymbol{v}_\mathrm{r}$ 方向相反。

（2）质量按指数规律变化。设变化规律为

$$m = m_0 \mathrm{e}^{-\beta t} \tag{6-6}$$

式中，m_0、β 皆为常数。由 $\dfrac{\mathrm{d}m}{\mathrm{d}t} = -\beta m_0 \mathrm{e}^{-\beta t}$ 知，其反推力为

$$\boldsymbol{F}_\Phi = \frac{\mathrm{d}m}{\mathrm{d}t}\boldsymbol{v}_\mathrm{r} = -\beta m_0 \mathrm{e}^{-\beta t}\boldsymbol{v}_\mathrm{r} \tag{6-7}$$

令 $\boldsymbol{a}_\Phi$ 表示仅在反推力 $\boldsymbol{F}_\Phi$ 作用下变质量质点的加速度，即

$$\boldsymbol{a}_\Phi = \frac{\boldsymbol{F}_\Phi}{m} = -\beta\boldsymbol{v}_\mathrm{r} \tag{6-8}$$

则当 $\boldsymbol{v}_\mathrm{r}$ 为常量时，$\boldsymbol{a}_\Phi$ 也是常量，即由反推力而引起的加速度为常量。

例 6-1 单级火箭。

设火箭在真空中运动且不受任何外力作用，其喷射出的气体相对速度 $\boldsymbol{v}_\mathrm{r}$ 的大小不变，方向与火箭运动方向相反，此问题称齐奥尔科夫斯基第一类问题。对这一问题，变质量质点的运动微分方程式(6-3)在运动方向上的投影为

$$m\frac{\mathrm{d}v}{\mathrm{d}t} = -v_\mathrm{r}\frac{\mathrm{d}m}{\mathrm{d}t} \quad \text{或} \quad \mathrm{d}v = -\frac{v_\mathrm{r}\mathrm{d}m}{m} \tag{a}$$

设初始时刻 $t=0$ 时，$v=v_0$，$m=m_0$，将式(a)积分得

$$v = v_0 + v_\mathrm{r}\ln\frac{m_0}{m} \tag{b}$$

设火箭燃烧终了时质量为 m_f，速度为 v，令

$$N = \frac{m_0}{m_\mathrm{f}} \tag{c}$$

称 N 为质量比(有些资料取 $N=m_\mathrm{f}/m_0$ 为质量比)。令

$$v_\mathrm{f} = v_\mathrm{r}\ln N \tag{d}$$

称 v_f 为火箭的特征速度，它代表这一级火箭在初始速度 v_0 的基础上所能增加的速度。由式(d)可得

$$N = \frac{m_0}{m_f} = e^{v_f/v_r} \qquad (e)$$

此式称为齐奥尔科夫斯基公式,它表明在 v_r 已知时欲使火箭达到特征速度 v_f 所应具备的质量比。

如果火箭在真空中且处于均匀重力场内,沿铅垂方向向上运动,称为齐奥尔科夫斯基第二类问题,与齐奥尔科夫斯基第一类问题的区别是有均匀重力作用,运动微分方程式(6-3)在铅垂方向上的投影为

$$m \frac{dv}{dt} = -mg - \frac{dm}{dt} v_r \qquad (f)$$

设初始时刻 $t = 0$ 时,$v = v_0$,$m = m_0$,且 v_r 为常量,将式(f)积分得

$$v = v_0 - gt + v_r \ln \frac{m_0}{m} \qquad (g)$$

例 6-2　二级火箭。

单级火箭具有重大的缺欠,那就是:燃料装得越多其壳体也就越大,任何时候火箭的反推力不仅要使有效载荷产生加速度,而且也要使庞大的壳体产生同样的加速度,这就限制了火箭速度的提高。多级火箭可以克服这一缺欠,当前一级火箭燃料燃烧终了时,连同其壳体一起抛掉,后一级火箭开始工作。

二级火箭由 3 部分组成:第一级火箭、第二级火箭和载荷。设第一级火箭总质量为 m_1,其内携带燃料的质量为 m_{1c},且 $m_{1c} = \varepsilon m_1$;第二级火箭总质量为 m_2,其内携带燃料的质量为 $m_{2c} = \varepsilon m_2$;载荷的质量为 m_P。设燃料从火箭喷出的相对速度 v_r 为常数,方向与火箭速度方向相反,每秒喷出的燃料质量也为常数。火箭由静止开始运动,略去重力,由例 6.1 式(b)可得第一级火箭的燃料全部喷射完时火箭的速度为

$$v_1 = v_r \ln \frac{m_1 + m_2 + m_P}{m_1 + m_2 + m_P - \varepsilon m_1} \qquad (a)$$

当第二级火箭的燃料也全部喷射完时,速度为

$$v_2 = v_1 + v_r \ln \frac{m_2 + m_P}{m_2 + m_P - \varepsilon m_2} \qquad (b)$$

如果取 $m_1 = m_2 = 50 m_P$,$\varepsilon = 0.8$,$v_r/g = 300$ s,则由式(a)及式(b)可得

$$v_2 \approx 6\ 000 \text{ m/s}$$

如果用单级火箭,仍采用上面的参数,所求得的速度就要低得多。

设二级火箭的总质量(不含载荷质量 m_P)$m = m_1 + m_2$ 为常量,则 m_1、m_2 的不同分配将影响火箭的速度。如何分配 m_1 与 m_2 的比例使 v_2 最大,是二级火箭必须要解决的问题。将式(a)代入式(b),并将式(b)用 m 表示,即

$$v_2 = -v_r \ln \left[1 - \frac{\varepsilon(m - m_2)}{m + m_P} \right] - v_r \ln \left(1 - \frac{\varepsilon m_2}{m_2 + m_P} \right) \qquad (c)$$

将式(c)对 m_2 求导,令 $\dfrac{dv_2}{dm_2} = 0$,得

$$\frac{\varepsilon/(m + m_P)}{1 - \varepsilon(m - m_2)/(m + m_P)} = \frac{\varepsilon m_P/(m_2 + m_P)^2}{1 - \varepsilon m_2/(m_2 + m_P)}$$

将上式化简,得

$$(1-\varepsilon)(m_2^2+2m_P m_2-m_P m)=0$$

因 $\varepsilon\neq1$,有

$$m_2=-m_P\pm\sqrt{m_P^2+m_P m}$$

因质量 m_2 不能是负值,故去掉根式前的负号,得

$$\frac{m_2}{m}=-\frac{m_P}{m}+\left(\frac{m_P^2}{m^2}+\frac{m_P}{m}\right)^{1/2} \tag{d}$$

由于 m_P/m 很小,将式(d)中后一项按幂级数展开,得

$$\frac{m_2}{m}=-\frac{m_P}{m}+\left(\frac{m_P}{m}\right)^{1/2}\left(1+\frac{1}{2}\frac{m_P}{m}+\cdots\right)$$

$$=\left(\frac{m_P}{m}\right)^{1/2}-\frac{m_P}{m}+\frac{1}{2}\left(\frac{m_P}{m}\right)^{3/2}+\cdots \tag{e}$$

式(e)中"$\cdots$"表示$(m_P/m)^2$及高次方的项。因 m_P/m 很小,略去 m_P/m 的一次项及高次项,式(e)的近似表达式为

$$\frac{m_2}{m}=\sqrt{\frac{m_P}{m}} \tag{f}$$

满足式(f)的 m_2/m 将使二级火箭的末速度达到最大值。将式(f)代入式(c),略去 m_2/m 及 m_P/m 的高次项,得

$$v_{2\max}=-2v_r\ln\left\{1-\varepsilon\left[1-(m_P/m)^{1/2}\right]\right\} \tag{g}$$

如果取 $m_P/m=1/100$,则 $m_2/m\approx1/10$,$m_1/m\approx9/10$。如果仍用 $\varepsilon=0.8$,$v_r/g=300$ s,则由式(g)可得 $v_{2\max}=7\ 500$ m/s。这显然比 $m_1=m_2$ 时的 $v_2=6\ 000$ m/s 要大得多。

例 6-3 多级火箭。

设各级火箭的质量分别为 $m_1,m_2,\cdots,m_n$,各级火箭内的燃料质量为 $\varepsilon_i m_i (i=1,2,\cdots,n)$,载荷质量为 m_P,各级火箭喷射气体的相对速度方向都与火箭速度方向相反,大小分别为 v_{r1},$v_{r2},\cdots,v_{rn}$,不计重力,则由例 6-1 式(b)可求得第 i 级火箭在燃料喷射完毕时所增加的速度为

$$\Delta v_i=v_{ri}\ln\left[\frac{m_i+m_{i+1}+\cdots+m_n+m_P}{(1-\varepsilon_i)m_i+m_{i+1}+\cdots+m_n+m_P}\right]\qquad(i=1,2,\cdots,n) \tag{a}$$

令

$$\mu_i=\frac{m_i+m_{i+1}+\cdots+m_n+m_P}{(1-\varepsilon_i)m_i+m_{i+1}+\cdots+m_n+m_P} \tag{b}$$

则得第 n 级火箭燃料燃烧完毕时的速度为

$$v_n=\sum_{i=1}^{n}v_{ri}\ln\mu_i \tag{c}$$

通常为把载荷送上预定轨道所需的速度 v_n 是已知的定值,那么如何选择各级火箭质量 m_1,$m_2,\cdots,m_n$ 之间的比例能使总质量为最小呢?

火箭第 i 级到第 n 级的质量(包括载荷质量)$m_i+m_{i+1}+\cdots+m_n$ 与第 $i+1$ 级到第 n 级质量(包括载荷质量)$m_{i+1}+m_{i+2}+\cdots+m_n$ 的比为

$$\frac{m_i+m_{i+1}+\cdots+m_n+m_P}{m_{i+1}+m_{i+2}+\cdots+m_n+m_P}=\frac{\varepsilon_i\mu_i}{1-(1-\varepsilon_i)\mu_i} \tag{d}$$

设火箭的总质量为 m,利用式(d),有

$$\frac{m+m_P}{m_P} = \left(\frac{m_1+m_2+\cdots+m_n+m_P}{m_2+m_3+\cdots+m_n+m_P} \right) \left(\frac{m_2+m_3+\cdots+m_n+m_P}{m_3+m_4+\cdots+m_n+m_P} \right) \cdots \left(\frac{m_n+m_P}{m_P} \right)$$

$$= \prod_{i=1}^{n} \frac{m_i + m_{i+1} + \cdots + m_n + m_P}{m_{i+1} + m_{i+2} + \cdots + m_n + m_P}$$

$$= \prod_{i=1}^{n} \frac{\varepsilon_i \mu_i}{1 - (1-\varepsilon_i)\mu_i} \qquad\qquad\qquad (e)$$

对式(e)取对数,得

$$\ln\left(\frac{m+m_P}{m_P} \right) = \ln \prod_{i=1}^{n} \frac{\varepsilon_i \mu_i}{1 - (1-\varepsilon_i)\mu_i} = \sum_{i=1}^{n} \ln \frac{\varepsilon_i \mu_i}{1 - (1-\varepsilon_i)\mu_i}$$

$$= \sum_{i=1}^{n} \{ \ln \mu_i + \ln \varepsilon_i - \ln[1 - \mu_i(1-\varepsilon_i)] \} \qquad\qquad (f)$$

由于火箭的载荷 m_P 是给定量,因此求 $\ln\dfrac{m+m_P}{m_P}$ 的最小值可代替求 m 的最小值。应用拉格朗日乘子法,作函数

$$f = \ln\left(\frac{m+m_P}{m_P} \right) + \lambda \left(\sum_{i=1}^{n} v_{ri}\ln \mu_i \right) - \lambda v_n$$

$$= \sum_{i=1}^{n} \{ \ln \mu_i + \ln \varepsilon_i - \ln[1 - \mu_i(1-\varepsilon_i)] \} + \lambda \left(\sum_{i=1}^{n} v_{ri}\ln \mu_i \right) - \lambda v_n$$

将其对 μ_i 求偏导数,并令其为零,得

$$\frac{\partial f}{\partial \mu_i} = \frac{1}{\mu_i} + \frac{1-\varepsilon_i}{1-\mu_i(1-\varepsilon_i)} + \lambda v_{ri}\frac{1}{\mu_i} = 0 \qquad (i=1,2,\cdots,n)$$

从而得

$$\mu_i = \frac{1+\lambda v_{ri}}{\lambda v_{ri}(1-\varepsilon_i)} \qquad (i=1,2,\cdots,n) \qquad\qquad (g)$$

式(g)为多级火箭使总质量为最小的条件。

将式(g)代入式(c)得

$$\sum_{i=1}^{n} v_{ri}\ln \frac{1+\lambda v_{ri}}{\lambda v_{ri}(1-\varepsilon_i)} - v_n = 0 \qquad\qquad (h)$$

由式(h)求得 λ 后,代入式(g)可求得 μ_i,再由式(f)及式(d)即可求得各级火箭的质量及总质量。

如果各级火箭喷射气体的相对速度相同,且 ε_i 相同,即

$$v_{ri} = v_r, \quad \varepsilon_i = \varepsilon \qquad (i=1,2,\cdots,n) \qquad\qquad (i)$$

则式(h)简化为

$$\sum_{i=1}^{n} v_r\ln \frac{1+\lambda v_r}{\lambda v_r(1-\varepsilon)} - v_n = nv_r\ln \frac{1+\lambda v_r}{\lambda v_r(1-\varepsilon)} - v_n = 0 \qquad (j)$$

此时式(g)为

$$\mu_i = \frac{1+\lambda v_r}{\lambda v_r(1-\varepsilon)} = \mu \qquad (i=1,2,\cdots,n) \qquad\qquad (k)$$

由式(j)及式(k)解得

$$\lambda = \left\{ v_r \left[(1-\varepsilon) e^{\frac{v_n}{nv_r}} - 1 \right] \right\}^{-1} \tag{1}$$

$$\mu_1 = \mu_2 = \cdots = \mu_n = \mu = e^{\frac{v_n}{nv_r}} \tag{m}$$

式(m)表明:欲使火箭总质量为最小,火箭中每一级火箭燃烧完毕所增加的速度 Δv_i 值应相同。即欲使火箭达到给定的最终速度,使火箭总质量为最小值的条件是:火箭中每一级燃料燃烧完毕时所增加的速度必须相同。满足这一条件时火箭的总质量为

$$m_{\min} = \left\{ \frac{\varepsilon^n e^{\frac{v_n}{v_r}}}{\left[1 - e^{\frac{v_n}{nv_r}} (1-\varepsilon) \right]^n} - 1 \right\} m_P \tag{n}$$

为求各级火箭的质量分配,令

$$\beta = \frac{\mu - 1}{1 - \mu(1-\varepsilon)} \tag{o}$$

在式(d)中设 $i=n$,有

$$m_n = \left[\frac{\varepsilon\mu}{1 - (1-\varepsilon)\mu} - 1 \right] m_P = \beta m_P \tag{p}$$

之后再在式(d)中令 $i=n-1$,依次求下去得

$$m_i = \beta(\beta+1)^{n-i} m_P \qquad (i=1,2,\cdots,n) \tag{q}$$

由式(q)可得

$$\frac{m_i}{m_{i+1}} = 1 + \beta = \frac{\varepsilon\mu}{1 - \mu(1-\varepsilon)} \qquad (i=1,2,\cdots,n) \tag{r}$$

由式(g)、式(r)可得各级火箭的质量分配。

例如,二级火箭($n=2$),$m_1:m_2=12:1$;三级火箭($n=3$),$m_1:m_2:m_3 \approx 13.7:3.7:1$。图 6-2 中,横坐标 n 代表火箭级数,纵坐标 m/m_P 代表火箭总质量 $m_{\min}$ 与载荷质量 m_P 之比,该图表明不同级火箭所应有的最小总质量 $m_{\min}$。从图中可见,增加火箭级数可以大量减少火箭的总质量,但高于四级的火箭再继续增加级数对减轻总质量的贡献很小。

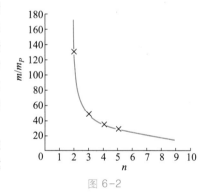

图 6-2

欲将人造地球卫星送入轨道,火箭的最终速度应达到 $v_n = 7.8$ km/s。设 $\varepsilon = 0.8$,$v_r/g = 300$ s,按上面公式可以求得火箭总质量的最小值:

一级火箭($n=1$),$m_{\min} < 0$(即不可能达到 7.8 km/s)

二级火箭($n=2$),$m_{\min} \approx 147 m_P$

三级火箭($n=3$),$m_{\min} \approx 51 m_P$

四级火箭($n=4$),$m_{\min} \approx 40 m_P$

五级火箭($n=5$),$m_{\min} \approx 36 m_P$

n 级火箭($n \to \infty$),$m_{\min} \to 13.2 m_P$

例 6-4 火箭在重力场中运动,喷射气体相对速度方向与火箭速度方向相反,大小为常量。空气阻力与火箭速度方向相反,大小与火箭速度平方成正比,即 $F_\gamma = \gamma v^2$。试建立火箭的运动微分

方程。

解：由于所有各力及速度都在同一个铅垂面内，因此运动轨迹是此面内的一条平面曲线。在此面上取 x 轴水平向右，y 轴向上为正。对火箭进行受力分析，其受力图如图 6-3 所示。将式（6-3）投影到这一直角坐标轴上，有

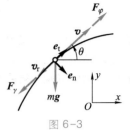

图 6-3

$$
\left.\begin{array}{l}
m\dfrac{\mathrm{d}v_x}{\mathrm{d}t}=-\gamma v^2\cos\theta-v_r\dfrac{\mathrm{d}m}{\mathrm{d}t}\cos\theta \\[3mm]
m\dfrac{\mathrm{d}v_y}{\mathrm{d}t}=-mg-\left(\gamma v^2+\dfrac{\mathrm{d}m}{\mathrm{d}t}v_r\right)\sin\theta
\end{array}\right\} \tag{a}
$$

式中，角 θ 是变量，$\tan\theta=\dfrac{\mathrm{d}y}{\mathrm{d}x}$。再利用 $v_x=v\cos\theta$，$v_y=v\sin\theta$，将它们与式（a）联立即是这一问题用直角坐标表达的运动微分方程。不过这一问题为了求解方便，实际上经常使用在自然轴上的投影。将式（6-3）投影到自然轴上，有

$$
\left.\begin{array}{l}
m\dfrac{\mathrm{d}v}{\mathrm{d}t}=-mg\sin\theta-\gamma v^2-v_r\dfrac{\mathrm{d}m}{\mathrm{d}t} \\[3mm]
\dfrac{v^2}{\rho}=g\cos\theta
\end{array}\right\} \tag{b}
$$

式中，ρ 为运动轨迹的曲率，有如下数学关系：

$$
\frac{1}{\rho}=\left|\frac{\mathrm{d}\theta}{\mathrm{d}s}\right|=-\frac{1}{2}\frac{\mathrm{d}\theta}{\mathrm{d}t} \tag{c}
$$

由于运动轨迹曲线是向下弯曲的，故 $\dfrac{\mathrm{d}\theta}{\mathrm{d}t}<0$，因此式（c）中有负号。将式（c）代入式（b）中，得

$$
\left.\begin{array}{l}
\dfrac{\mathrm{d}v}{\mathrm{d}t}+g\sin\theta+\dfrac{1}{m}\left(\gamma v^2+v_r\dfrac{\mathrm{d}m}{\mathrm{d}t}\right)=0 \\[3mm]
v\dfrac{\mathrm{d}\theta}{\mathrm{d}t}+g\cos\theta=0
\end{array}\right\} \tag{d}
$$

再补充两个运动学关系：

$$
\left.\begin{array}{l}
\dfrac{\mathrm{d}x}{\mathrm{d}t}-v\cos\theta=0 \\[3mm]
\dfrac{\mathrm{d}y}{\mathrm{d}t}-v\sin\theta=0
\end{array}\right\} \tag{e}
$$

式（d）与式（e）联合组成了一个非线性的微分方程组，只要给出初始条件 $t=0$ 时的 v_0、θ_0、x_0、y_0，即可利用数值计算求得 $x(t)$ 与 $y(t)$。由式（d）与式（e）组成的这个微分方程组也称为近程火箭的"外弹道微分方程式"。

§6-2　变质量质点的动力学普遍定理

研究变质量质点的动量、动量矩及动能的变化规律所使用的动量定理、动量矩定理及动能定理统称变质量质点的动力学普遍定理。

1. 变质量质点的动量定理

变质量质点在任一瞬时的动量 $\boldsymbol{p} = m\boldsymbol{v}$，其中 $m = m(t)$ 是时间 t 的函数，将动量对时间 t 求导得

$$\frac{\mathrm{d}\boldsymbol{p}}{\mathrm{d}t} = \frac{\mathrm{d}(m\boldsymbol{v})}{\mathrm{d}t} = \frac{\mathrm{d}m}{\mathrm{d}t}\boldsymbol{v} + m\frac{\mathrm{d}\boldsymbol{v}}{\mathrm{d}t} \qquad (6-9)$$

将式(6-2)、式(6-3)代入式(6-9)得

$$\frac{\mathrm{d}\boldsymbol{p}}{\mathrm{d}t} = \frac{\mathrm{d}m}{\mathrm{d}t}\boldsymbol{v} + \boldsymbol{F} + \frac{\mathrm{d}m}{\mathrm{d}t}\boldsymbol{v}_{\mathrm{r}} \qquad (6-10)$$

记并入(或放出)质量的绝对速度为 $\boldsymbol{v}_1$，即

$$\boldsymbol{v}_1 = \boldsymbol{v} + \boldsymbol{v}_{\mathrm{r}}$$

则式(6-10)可写为

$$\frac{\mathrm{d}\boldsymbol{p}}{\mathrm{d}t} = \boldsymbol{F} + \frac{\mathrm{d}m}{\mathrm{d}t}\boldsymbol{v}_1 \qquad (6-11)$$

记

$$\boldsymbol{F}_{\varPhi\mathrm{a}} = \frac{\mathrm{d}m}{\mathrm{d}t}\boldsymbol{v}_1 \qquad (6-12)$$

称 $\boldsymbol{F}_{\varPhi\mathrm{a}}$ 为由于并入(或放出)质量的绝对速度引起的反推力，它具有力的量纲且能改变质点的动量。将其代入式(6-11)得

$$\frac{\mathrm{d}\boldsymbol{p}}{\mathrm{d}t} = \frac{\mathrm{d}}{\mathrm{d}t}(m\boldsymbol{v}) = \boldsymbol{F} + \boldsymbol{F}_{\varPhi\mathrm{a}} \qquad (6-13)$$

式(6-13)称为变质量质点的动量定理的微分形式：变质量质点的动量对时间的导数，等于作用于其上的外力与由于并入(或放出)质量的绝对速度而引起的反推力的矢量和。

将式(6-13)积分，设 $t = 0$ 时质点质量为 m_0、速度为 $\boldsymbol{v}_0$，得

$$m\boldsymbol{v} - m_0\boldsymbol{v}_0 = \int_0^t \boldsymbol{F}\mathrm{d}t + \int_0^t \boldsymbol{F}_{\varPhi\mathrm{a}}\mathrm{d}t = \int_0^t \boldsymbol{F}\mathrm{d}t + \int_{m_0}^m \boldsymbol{v}_1\mathrm{d}m \qquad (6-14)$$

式(6-14)称为变质量质点的动量定理的积分形式。

如果并入或放出质量的绝对速度 $\boldsymbol{v}_1 = \boldsymbol{0}$，则式(6-13)成为

$$\frac{\mathrm{d}}{\mathrm{d}t}(m\boldsymbol{v}) = \boldsymbol{F}$$

此式与不变质量质点的动量定理形式相同，但其 $m = m(t)$ 是变量，将其积分，有

$$m\boldsymbol{v} - m_0\boldsymbol{v}_0 = \int_0^t \boldsymbol{F}\mathrm{d}t$$

显然，即使 $\boldsymbol{F} = \boldsymbol{0}$，$\boldsymbol{v}$ 也不是常量，$\boldsymbol{v} = m_0\boldsymbol{v}_0/m$。

2. 变质量质点的动量矩定理

变质量质点对任一点 O 的动量矩为

$$\boldsymbol{L}_O = \boldsymbol{r} \times m\boldsymbol{v} \qquad (6-15)$$

式中，r 为从点 O 指向该质点的矢径，点 O 为定点。将上式对时间 t 求导，得

$$\frac{\mathrm{d}\boldsymbol{L}_O}{\mathrm{d}t} = \frac{\mathrm{d}}{\mathrm{d}t}(\boldsymbol{r} \times m\boldsymbol{v}) = \frac{\mathrm{d}\boldsymbol{r}}{\mathrm{d}t} \times m\boldsymbol{v} + \boldsymbol{r} \times \frac{\mathrm{d}}{\mathrm{d}t}(m\boldsymbol{v}) = \boldsymbol{r} \times \frac{\mathrm{d}}{\mathrm{d}t}(m\boldsymbol{v})$$

将变质量质点动量定理的微分形式(6-13)代入可得

$$\frac{\mathrm{d}\boldsymbol{L}_O}{\mathrm{d}t} = \boldsymbol{r} \times \boldsymbol{F} + \boldsymbol{r} \times \boldsymbol{F}_{\varPhi\mathrm{a}} \tag{6-16}$$

式(6-16)称变质量质点的动量矩定理：变质量质点对某定点的动量矩对时间的导数，等于作用于质点上外力的合力对该点之矩与由于并入（或放出）质量的绝对速度引起的反推力对该点力矩的矢量和。

3. 变质量质点的动能定理

变质量质点的动量定理的微分形式式(6-13)可以写为

$$m\frac{\mathrm{d}\boldsymbol{v}}{\mathrm{d}t} + \boldsymbol{v}\frac{\mathrm{d}m}{\mathrm{d}t} = \boldsymbol{F} + \frac{\mathrm{d}m}{\mathrm{d}t}\boldsymbol{v}_1 \tag{6-17}$$

将上式各项点乘 $\mathrm{d}\boldsymbol{r}$，得

$$m\boldsymbol{v} \cdot \mathrm{d}\boldsymbol{v} + \mathrm{d}m\boldsymbol{v} \cdot \boldsymbol{v} = \boldsymbol{F} \cdot \mathrm{d}\boldsymbol{r} + \mathrm{d}m\boldsymbol{v}_1 \cdot \boldsymbol{v}$$

由于 $m\boldsymbol{v} \cdot \mathrm{d}\boldsymbol{v} = \mathrm{d}\left(\dfrac{1}{2}mv^2\right) - \dfrac{v^2}{2}\mathrm{d}m$，因此上式可写为

$$\mathrm{d}\left(\frac{1}{2}mv^2\right) + \frac{1}{2}v^2\mathrm{d}m = \boldsymbol{F} \cdot \mathrm{d}\boldsymbol{r} + (\boldsymbol{v}_1 \cdot \boldsymbol{v})\mathrm{d}m \tag{6-18}$$

或

$$\mathrm{d}\left(\frac{1}{2}mv^2\right) + \frac{1}{2}v^2\mathrm{d}m = \boldsymbol{F} \cdot \mathrm{d}\boldsymbol{r} + \boldsymbol{F}_{\varPhi\mathrm{a}} \cdot \mathrm{d}\boldsymbol{r} \tag{6-19}$$

式(6-18)或式(6-19)称为变质量质点的动能定理：变质量质点动能的微分与并入（或放出）的元质量由于其牵连速度而具有的动能的代数和，等于作用于质点上外力合力的元功与由于并入（或放出）质量的绝对速度引起的反推力所做的元功之和。

由于 $\boldsymbol{v}_1 = \boldsymbol{v} + \boldsymbol{v}_r$，即 $\boldsymbol{v}_1 \cdot \boldsymbol{v} = v^2 + \boldsymbol{v}_r \cdot \boldsymbol{v}$，因此式(6-18)也可以写为

$$\mathrm{d}\left(\frac{1}{2}mv^2\right) - \frac{1}{2}v^2\mathrm{d}m = \boldsymbol{F} \cdot \mathrm{d}\boldsymbol{r} + \boldsymbol{v}_r \cdot \boldsymbol{v}\mathrm{d}m$$

$$= \boldsymbol{F} \cdot \mathrm{d}\boldsymbol{r} + \boldsymbol{F}_{\varPhi} \cdot \mathrm{d}\boldsymbol{r} \tag{6-20}$$

因此变质量质点的动能定理也可以这样叙述：变质量质点动能的微分与并入（或放出）的元质量由于牵连运动而具有的动能之差，等于作用于质点上外力的合力与反推力所做的元功之和。

例6-5 图6-4所示为传送砂子的装置。砂子从漏斗铅垂流下，以速度 $\boldsymbol{v}_1$ 流入倾角为 θ 的传送带上并沿斜面下滑 l 长度，然后流出斜面。设砂子以流量 q 为常数（q 以 kg/s 计）从大漏斗中流下，斜面上砂子是定常流动，其质量保持不变，不计摩擦。若使砂子在斜面上的速度 $\boldsymbol{v}$ 为常

数,倾角 θ 应等于多少?

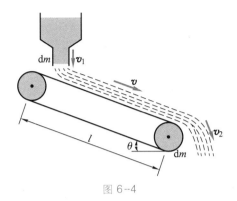

动画
例 6-5

图 6-4

解:研究传送带上的砂子,由变质量质点的动能定理式(6-18),有

$$d\left(\frac{mv^2}{2}\right) + \frac{v^2}{2}dm = \boldsymbol{F} \cdot d\boldsymbol{r} + dm_1(\boldsymbol{v}_1 \cdot \boldsymbol{v}) + dm_2(\boldsymbol{v}_2 \cdot \boldsymbol{v})$$

式中,dm_1 为漏斗流入传送带上的砂子质量元,dm_2 为从传送带上流出的砂子质量元,v_2 为 dm_2 流出时的绝对速度。由题意知,$\frac{mv^2}{2}$ 为常数,且

$$\frac{dm_1}{dt} = -\frac{dm_2}{dt} = q, \quad \boldsymbol{v}_2 = \boldsymbol{v}, \quad dm = dm_1 + dm_2 = 0$$

将这些关系代入前式,得

$$0 = mg\sin\theta \cdot ds + qdt \cdot v_1 v\sin\theta - qdt \cdot v^2$$

式中,s 为砂子沿传送带方向的位移。由于流量 q、质量 m 及斜面长度 l 之间有如下关系:

$$q = v\frac{m}{l} \quad \text{或} \quad m = \frac{l}{v}q$$

因此有

$$\frac{l}{v}qg\sin\theta\frac{ds}{dt} + qv_1 v\sin\theta - qv^2 = 0$$

即

$$v^2 = (lg + v_1 v)\sin\theta$$

得

$$\theta = \arcsin\left[(lg + v_1 v)/v^2\right]$$

例 6-6 总质量为 m_0、总长度为 l 的一排小方块放在图 6-5 所示的水平桌面上。设小方块长度极短、数量很多,相邻的小方块互相接触而不连接。初始静止,小方块最外端在桌边。如图示加一水平的常力 $\boldsymbol{F}$,求在如下两种情况下,当小方块已经有一半离开桌面时,留在桌面上的小方块的速度。

(1)忽略桌面上的摩擦力;(2)桌面与小方块间的动摩擦因数为 f。

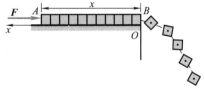

动画
例 6-6

图 6-5

解:研究仍在桌面上的一排小方块,并将其视

为变质量质点。小方块离开桌面瞬时 $v_r = 0$，选 x 轴如图所示。

（1）由于 $v_r = 0$，且无摩擦，将动量定理式（6-10）投影到 x 轴上，有

$$\frac{\mathrm{d}(mv)}{\mathrm{d}t} = \frac{\mathrm{d}m}{\mathrm{d}t}v - F$$

式中

$$m = \frac{m_0}{l}x, \quad \frac{\mathrm{d}m}{\mathrm{d}t} = \frac{m_0}{l}\frac{\mathrm{d}x}{\mathrm{d}t} = \frac{m_0}{l}v$$

因此有

$$\frac{m_0}{l}x\frac{\mathrm{d}v}{\mathrm{d}t} + \frac{m_0}{l}v^2 = \frac{m_0}{l}v^2 - F$$

化简后分离变量，得

$$\frac{m_0}{l}v\mathrm{d}v = -\frac{F}{x}\mathrm{d}x$$

将上式积分，利用初始条件 $x = l$ 时 $v = 0$，当 $x = l/2$ 时，有

$$v^2 = \frac{2lF}{m_0}\ln 2$$

（2）当有摩擦时，式（6-10）成为

$$\frac{\mathrm{d}(mv)}{\mathrm{d}t} = \frac{\mathrm{d}m}{\mathrm{d}t}v - F + fmg$$

化简后得到

$$v\frac{\mathrm{d}v}{\mathrm{d}x} = \frac{-Fl + fgm_0 x}{m_0 x}$$

将上式分离变量并积分，利用 $x = l$ 时 $v = 0$，当 $x = l/2$ 时，有

$$v^2 = \frac{2lF}{m_0}\ln 2 - fgl = 1.386\frac{lF}{m_0} - fgl$$

思考题

6-1 变质量质点的运动微分方程 $m\dfrac{\mathrm{d}\boldsymbol{v}}{\mathrm{d}t} = \boldsymbol{F}^{(e)} + \dfrac{\mathrm{d}m}{\mathrm{d}t}\boldsymbol{v}_r$ 与质点动量定理 $\dfrac{\mathrm{d}}{\mathrm{d}t}(m\boldsymbol{v}) = m\dfrac{\mathrm{d}\boldsymbol{v}}{\mathrm{d}t} + \dfrac{\mathrm{d}m}{\mathrm{d}t}\boldsymbol{v} = \boldsymbol{F}$ 之间有何区别？

6-2 反推力 $\boldsymbol{F}_\Phi$ 与 $\boldsymbol{F}_{\Phi_a}$ 有何异同？它们是怎样产生的？

6-3 多级火箭欲达到给定的最终速度，如何分配各级火箭的质量能使总质量为最小？

6-4 若各级火箭的质量比和特征速度分别为 $z_1, z_2, \cdots, z_n$ 与 $v_{m1}, v_{m2}, \cdots, v_{mn}$，那么火箭最后达到的特征速度为多少？

6-5 变质量质点的动量定理、动量矩定理及动能定理与定质量质点的三大定理有何区别？这一区别是怎样产生的？

6-6 变质量质点的动能定理为

$$\mathrm{d}\left(\frac{1}{2}mv^2\right) + \frac{1}{2}v^2 \cdot \mathrm{d}m = \boldsymbol{F} \cdot \mathrm{d}\boldsymbol{r} + (\boldsymbol{v}_1 \cdot \boldsymbol{v})\,\mathrm{d}m$$

试解释式中 $\frac{1}{2}v^2 \cdot \mathrm{d}m$ 与 $(\boldsymbol{v}_1 \cdot \boldsymbol{v})\,\mathrm{d}m$ 的物理意义。

变质量质点的动能定理也可写为

$$\mathrm{d}\left(\frac{1}{2}mv^2\right) - \frac{1}{2}v^2 \cdot \mathrm{d}m = \boldsymbol{F} \cdot \mathrm{d}\boldsymbol{r} + (\boldsymbol{v}_r \cdot \boldsymbol{v})\,\mathrm{d}m = \boldsymbol{F} \cdot \mathrm{d}\boldsymbol{r} + \boldsymbol{F}_\varPhi \cdot \mathrm{d}\boldsymbol{r}$$

试解释式中 $\boldsymbol{F}_\varPhi \cdot \mathrm{d}\boldsymbol{r}$ 的物理意义。

习 题

习题:第六章
变质量动力学

6-1 一变质量摆在阻力与速度成比例的介质中运动。摆的质量由于质点的离散,按已知规律 $m = m(t)$ 而变化,且质点离散的相对速度为零。已知摆线长为 l,摆上受到与其角速度成比例的阻力 $F_R = -\beta l\dot{\varphi}$($\dot{\varphi}$ 为摆的角速度,β 为常数)的作用,试写出摆的运动微分方程。

6-2 重为 P 的气球铅垂上升,其下拖起一条堆放在地面上的绳子。在气球上作用有升力 $\boldsymbol{F}$、重力 $\boldsymbol{P}$ 及与速度平方成正比的阻力 $F_d = \beta\dot{x}^2$(与速度反向)。设绳子单位长度的重力为 γ。试写出气球的运动微分方程。

6-3 链条长为 l,单位长度的质量为 ρ,堆放在地面上,如图所示。在链条的一端作用一力 $F(t)$,使它以不变的速度 $\boldsymbol{v}$ 上升。假设尚留在地面上的链条对提起部分没有力作用。求力 $F(t)$ 的表达式和地面约束力 $F_N(t)$ 的表达式。

6-4 如图所示,一小型气垫船沿水平方向运动,初始质量为 m_0,以速率 c 均匀喷出气体,相对喷射速率 v_r 为常量,阻力近似地与速度成正比,即 $\boldsymbol{F} = -f\boldsymbol{v}$。设开始时气垫船静止,求气垫船的速度随时间变化的规律。

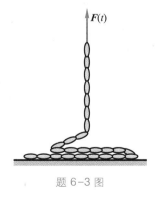

题 6-3 图

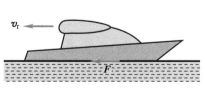

题 6-4 图

6-5 当宇宙飞船接近月球时开动反向制动发动机,此时火箭处在与月球表面相距为 H 的高度并具有指向月心的速度 v_0。已知月球引力与飞船到月心距离成反比,又假设飞船的质量按规律 $m = m_0 e^{-\beta t}$（其中 m_0 是制动发动机开时火箭的质量，β 是常数）变化，求飞船能实现软着陆（即相对月球的速度为零）所需的 β 值。假设燃气喷射的相对速度 v_r 为常数，月球的半径为 R，月球表面上的重力加速度为 g_m。

6-6 有一火箭，以匀加速度 a 水平飞行。已知燃料喷射的相对速度 v_r 为常数；火箭的起始质量为 m_0。如空气阻力不计，求火箭质量随时间变化的规律。

6-7 火箭起飞质量为 1 000 kg，其中包括燃料质量 900 kg，在 $t = 0$ 时铅垂发射。已知燃料以 10 kg/s 的速率消耗，并以相对速度 2 100 m/s 喷出。求 $t = 0$ s，45 s，90 s 时火箭的速度和加速度。

6-8 三级火箭每一级的喷射气体相对流速都等于 $v_r = 2.5$ km/s，而齐奥尔科夫斯基数相等，$N = 3$。如果火箭的初速度为零并且在无引力场及大气的条件运动时，试求第三级火箭的特征速度。

6-9 从漏斗中流下的砂子装入在铁道中运动的车厢内（如图所示）。已知砂子的流量 q 为常数（q 以 kg/s 计），并且是静止地流入车厢内的，同时又有砂子从车厢漏到地面上，其流量 q' 为常数（q' 以 kg/s 计）。如能保持车厢运动的速度 v 为常数（v 以 m/s 计），求加在车厢上的水平力 F 的大小。

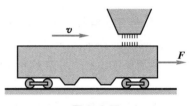

题 6-9 图

6-10 装有四个喷气发动机的飞机以 300 m/s 的速度飞行，已知四个喷气发动机具有同样的燃气流量，且燃气排出的绝对速度为 700 m/s。若阻力正比于其飞行速度的平方，当只有两个喷气发动机工作时，问飞机能保持多大的速度做匀速飞行。

6-11 一空间卫星从外层空间沿着垂直于地球表面的直线进入大气层，它的总重为 12 000 N，包括 4 000 N 燃料；其初速度是 4 500 m/s。现要求产生的推力在 40 s 内把速度降至 3 300 m/s，假定喷出气体相对于空间卫星的速度是 1 200 m/s，$g = 9.8$ m/s^2，忽略空气阻力。试求燃料燃烧的速率 $\dfrac{dm}{dt}$（假设为常值）。

6-12 喷气飞机以速度 $v = 800$ km/h 做匀速水平飞行，已知发动机排出燃气的流量为 70 kg/s，排出气体的绝对速度为 600 m/s。求：（1）空气对飞机的阻力；（2）已知阻力与速度平方成正比，则当排出燃气的流量增至 77 kg/s（即增加 1/10）时，飞机速度为多少？

6-13 火箭在没有大气的均匀重力场中铅垂向上运动，其质量按 $m = 1 000(1 - \beta t)$（式中，m 以 kg 计，t 以 s 计，β 为常数）的规律变化。喷射气流的相对速度 $v_r = 2.4$ km/s，火箭的初始速度 $v_0 = 1.5$ km/s，方向向上。设火箭的质量消耗等于 40 kg/s，试求火箭在 10 s 内经过的路程和 10 s 末的速度。

参考文献

［1］ 朱照宣,周起钊,殷金生.理论力学:上册,下册［M］.北京:北京大学出版社,1982.

［2］ 谈开孚.分析力学［M］.哈尔滨:哈尔滨工业大学出版社,1985.

［3］ 清华大学理论力学教研室.理论力学:上册,中册,下册［M］.4 版.北京:高等教育出版社,1994.

［4］ 洪嘉振,刘铸永,杨长俊.理论力学［M］.5 版.北京:高等教育出版社,2022.

［5］ 哈尔滨工业大学理论力学教研室.理论力学思考题集［M］.北京:高等教育出版社,2004.

［6］ 王铎,程靳.理论力学解题指导及习题集［M］.3 版.北京:高等教育出版社,2005.

［7］ 程勉.变质量力学基础［M］.北京:人民教育出版社,1982.

习题答案

第 一 章

1-1 $F_3 = F_2 = \dfrac{1}{2} F_1$

1-2 （略）

1-3 $\theta = 0$，不稳定平衡；$\theta = 53.8°$，稳定平衡

1-4 $k \leqslant \dfrac{P(r+a)}{4a^2}$

1-5 （1）$\ddot{\varphi} + \dfrac{g}{l} \sin \varphi = 0$

（2）$l^2 \left[(l^2 - x^2) \ddot{x} + x \dot{x}^2 \right] + gx(l^2 - x^2)^{\frac{3}{2}} = 0$

（3）$l^2 \left[(l^2 - y^2) \ddot{y} + y \dot{y}^2 \right] - g(l^2 - y^2)^2 = 0$

1-6 $(l + R\theta) \ddot{\theta} + R \dot{\theta}^2 + g \sin \theta = 0$

1-7 $\alpha = \dfrac{M}{22mr^2}$

1-8 $2mr^2 (3 + \sin^2 \varphi) \ddot{\varphi} + mr^2 \dot{\varphi}^2 \sin 2\varphi + 2kr^2 (1 - \cos \varphi) \sin \varphi + 4mgr\cos \varphi = 8M$

当 $\varphi = 90°$ 时，托板的加速度 $a = \dfrac{kr}{m}$

1-9 $(1 - \cos \theta) \ddot{\theta} + \dfrac{1}{2} \sin \theta \dot{\theta}^2 - \dfrac{g}{2R} \sin \theta = 0$

1-10 （略）

1-11 $\begin{cases} \ddot{x} - \dfrac{1}{2} \ddot{\varphi} l\cos(\theta - \varphi) - \dfrac{1}{2} \dot{\varphi}^2 l\sin(\theta - \varphi) = g\sin \theta \\ -\dfrac{1}{2} \ddot{x} \cos(\theta - \varphi) + \dfrac{1}{3} l \ddot{\varphi} + \dfrac{1}{2} g\sin \varphi = 0 \end{cases}$

当 $t = 0$ 时，$F_N = mg \dfrac{\cos \theta}{1 + 3\sin^2 \theta}$

1-12 $\begin{cases} m \ddot{z} + (k_1 + k_2) z + (k_2 l_2 - k_1 l_1) \varphi = 0 \\ m\rho^2 \ddot{\varphi} + (k_2 l_2 - k_1 l_1) z + (k_1 l_1^2 + k_2 l_2^2) \varphi = 0 \end{cases}$

1-13 $M = mr^2 \dot{\theta} \dot{\varphi} \sin 2\theta$

$\ddot{\theta} - \dfrac{\dot{\varphi}^2}{2} \sin 2\theta + \dfrac{g}{r} \sin \theta = 0$

1-14 $\begin{cases} \dfrac{1}{2}m_2r^2\ddot{\varphi}=M \\[2mm] \left(\dfrac{1}{3}m_1+m_2\right)l^2\ddot{\theta}+k\theta-\left(\dfrac{m_1}{2}+m_2\right)gl\sin\theta=0 \end{cases}$

1-15 $\ddot{\varphi}+\dfrac{2r}{(m_1+m_2)b}\left[\ddot{\theta}\cos(\varphi-\theta)+\dot{\theta}^2\sin(\varphi-\theta)\right]+\dfrac{g}{b}\sin\varphi=0$

$\ddot{\theta}+\dfrac{2m_2r}{(m_1+2m_2)b}\left[\ddot{\varphi}\cos(\varphi-\theta)-\dot{\varphi}^2\sin(\varphi-\theta)\right]+\dfrac{2m_2r}{(m_1+m_2)}\dfrac{g}{b^2}\sin\theta=0$

1-16 $\left[m_1(r-a)^2+m_1\rho^2+m_2r^2\right]\ddot{\theta}+\dfrac{1}{2}m_2rl\ddot{\varphi}+m_1ga\theta=0$

$2l\ddot{\varphi}+3r\ddot{\theta}+3g\varphi=0$

1-17 $\ddot{\varphi}_1+\dfrac{m_1R}{(m_1+m_2)l}\ddot{\varphi}_2+\dfrac{g}{l}\varphi_1=0$

$\ddot{\varphi}_2+\dfrac{2l}{3R}\ddot{\varphi}_1=0$

1-18 $\rho^2>r^2\dfrac{m_B}{m_A-m_B}$

1-19 $\alpha_1=3.72\ \text{rad/s}^2,\alpha_{OA}=3.04\ \text{rad/s}^2$

1-20 $\begin{cases} (m_1+m_2)\ddot{x}=F(\cos\theta+f\sin\theta)-f(m_1+m_2)g \\[1mm] R\ddot{\psi}=2fg \\[1mm] m_2R\ddot{\varphi}=2f(m_2g-F\sin\theta) \end{cases}$

由又滚又滑条件:$\begin{cases}\ddot{x}>R\ddot{\psi} \\ \ddot{x}>R\ddot{\varphi}\end{cases}$,且右轮不可离开地面,得 $\dfrac{m_2g}{\sin\theta}>F>\dfrac{3f(m_1+m_2)g}{\cos\theta+f\sin\theta}$

1-21 取质点 m 沿铅垂向下的坐标 x 和滑轮的转角 θ(逆时针)为广义坐标,平衡位置为坐标原点:

$$m\ddot{x}+k_2(x+r\theta)=0,\qquad J\ddot{\theta}+(k_1+k_2)r^2\theta+k_2xr=0$$

1-22 取 x_A 和 θ 为广义坐标:

$$\dfrac{5}{2}m\ddot{x}_A-mR\ddot{\theta}\cos\theta+mR\dot{\theta}^2\sin\theta=F,\qquad -m\ddot{x}_A\cos\theta+\dfrac{4}{3}mR\ddot{\theta}=-mg\sin\theta$$

初瞬时圆柱体质心 A 的加速度:

$$\ddot{x}_A=\dfrac{4}{7}\dfrac{F}{m}$$

1-23 (略)

1-24 $\theta=0$

第 二 章

2-1 $\varphi=\dfrac{ap^2}{l(\omega^2-p^2)}\left(\sin pt-\dfrac{p}{\omega}\sin\omega t\right)$,其中 $\omega=\sqrt{\dfrac{g}{l}}$

2-2 $a = \dfrac{m_1 \sin 2\theta}{2(m_2 + m_1 \sin^2 \theta)} g$

2-3 $30\sqrt{\dfrac{\sin(\varphi - \theta)}{r\cos\varphi}} < n < 30\sqrt{\dfrac{\sin(\varphi + \theta)}{r\cos\varphi}}$

2-4 $\tan\theta = \dfrac{\omega^2 r}{g}$

2-5   （1） $y = \dfrac{\omega^2 x^2}{2g}$；

         （2） $h' = h - \dfrac{\omega^2 R^2}{4g}$

2-6 $\ddot{\theta} + \omega^2 \sin\theta = 0$

2-7 $F = 16.75 \text{ N}$

2-8 $\tau = 2\pi \sqrt{\dfrac{m}{k - m\omega^2}}$

2-9 $\omega_0 = \omega \sqrt{\dfrac{a}{l}}$

2-10 $\tan\theta = \dfrac{a}{g}$, $F = m\sqrt{a^2 + g^2}$, $\tau = \dfrac{2\pi\sqrt{l}}{\sqrt[4]{a^2 + g^2}}$

2-11 $h = 1.86 \text{ cm}$

2-12 $v_{r0} = l\omega$

2-13 $v_r = \sqrt{2gR}$

第 三 章

3-1 $F_{av} = 799.5 \text{ kN}$

3-2 $\omega_1 = \dfrac{J_0 \omega}{J_0 + mr^2}$; $v = r\omega_1$; $I = m\dfrac{J_0 r\omega}{J_0 + mr^2}$

3-3 $v_1 = 3.175 \text{ m/s}$, $\theta = \arctan\dfrac{v_{1n}}{v_{1t}} = 19.1°$

        $v_2 = 4.157 \text{ m/s}$,沿撞击点法线方向

3-4 $\omega = \dfrac{mlr\omega_0\cos\theta}{mr^2 + 3J_{0_1}\cos^2\theta}$, $I = \dfrac{J_{0_1}ml\omega_0\cos\theta}{mr^2 + 3J_{0_1}\cos^2\theta}$;当 $\theta = 90°$ 时,$I = 0$

3-5 $s = \dfrac{3l}{2f} \dfrac{m_1^2}{(m_1 + 3m_2)^2}$

3-6 $\omega = \dfrac{3v}{4a}$

3-7 $e = \sqrt{2}\sin\dfrac{\varphi}{2}$; $x = \dfrac{2}{3}l$

3-8 $\omega = \dfrac{12}{7l}\sqrt{2gh}$; $I = \dfrac{4m}{7}\sqrt{2gh}$

3–9　$v_B = \dfrac{m_0(v_0 - v_1)}{ml}\left[1 + 6\left(\dfrac{h}{l} - \dfrac{1}{2}\right)\right]$

3–10　$v'_C = \dfrac{1 + 2\cos\theta}{3}v_C\,;\,\omega = \dfrac{1 + 2\cos\theta}{3r}v_C$

　　　　$I_n = mv_C\sin\theta\,;\,I_t = mv_C\dfrac{1 - \cos\theta}{3}$，其中 $\cos\theta = \dfrac{r - h}{r}$

3–11　$\omega = \dfrac{1}{4}\omega_0$

3–12　$h = \dfrac{7}{5}r$

3–13　$\tan\beta = \dfrac{1}{5e}\left(3\tan\theta - \dfrac{2r\omega_0}{v\cos\theta}\right)$

3–14　$\sin\dfrac{\varphi}{2} = \dfrac{\sqrt{3}\,I}{2m\sqrt{10gl}}$

3–15　$v_A = \dfrac{2}{9}\dfrac{I}{m_2}$，方向向左

3–16　$W_1 = 33\,333$ J；$W_2 = 4\,167$ J；$\eta = 89\%$

3–17　$\omega_{BC} = 2.50$ rad/s，顺时针方向

第 四 章

4–1　（a），（b）：$\tau = 2\pi\sqrt{\dfrac{m(k_1 + k_2)}{k_1 k_2}} = 0.290$ s

　　　（c），（d）：$\tau = 2\pi\sqrt{\dfrac{m}{k_1 + k_2}} = 0.140$ s

4–2　$k = \dfrac{4\pi^2(m_1 - m_2)}{\tau_1^2 - \tau_2^2}$

4–3　$F = 46.68$ kN

4–4　$y = -5\sin 44.3t + 100\cos 44.3t$　（式中 y 以 mm 计）

4–5　$\tau = 2\pi\sqrt{\dfrac{m}{k}}$，$A = \sqrt{\dfrac{mg}{k}\left(\dfrac{mg\sin^2\theta}{k} + 2h\right)}$

4–6　$\tau = 2\pi\sqrt{\dfrac{ml}{2F}}$

4–7　（1）$\tau = 2\pi\sqrt{\dfrac{a}{fg}}$

　　　（2）$f = 0.25$

4–8　$\omega_0 = \sqrt{\dfrac{2k}{m_1 + 4m_2}}$

4–9　（1）$\omega_0 = \sqrt{\dfrac{6k}{m} - \dfrac{3g}{2l}}$

（2）$k > \dfrac{mg}{4l}$

4-10 $\omega_1^2 = \dfrac{6k}{7m}$，$\omega_2^2 = \dfrac{6}{7}\left(\dfrac{k}{m} + \dfrac{2g}{l}\right)$

4-11 （1）$\omega_0 = \sqrt{\dfrac{3k}{2ml^2}}$

（2）$\omega = \sqrt{\dfrac{3k\varphi_0}{ml^2 \sin 2\varphi_0}}$

（3）$F_{Cx} = -F_{Dx} = -\dfrac{k\varphi_0}{2h}$，$F_{Cy} = 2mg$

（4）$\omega_0' = \sqrt{\dfrac{3k(1 - 2\varphi_0 \operatorname{ctan} 2\varphi_0)}{2ml^2}}$

4-12 $f = \dfrac{b}{2\pi}\sqrt{\dfrac{k_1 k_2}{m(a^2 k_1 + b^2 k_2)}}$

4-13 $\varphi_{\mathrm{m}} = \theta_0 \dfrac{r/R}{1 - \left(\dfrac{\omega}{\omega_0}\right)^2}$， 式中 $\omega_0 = \dfrac{R}{\rho}\sqrt{\dfrac{2k}{m}}$

4-14 （1）$k_0 = \dfrac{3}{4}mgr$

（2）$\omega_0 = \sqrt{\dfrac{2g}{r}}$

4-15 $f = \dfrac{1}{2\pi}\sqrt{\dfrac{ag}{\rho^2 + (r-a)^2}}$

4-16 （1）$f_0 = 0.184$ Hz

（2）$\zeta = 0.289$

（3）$f_{\mathrm{d}} = 0.176$ Hz

（4）$\tau_{\mathrm{d}} = 5.677$ s

4-17 $c = \dfrac{2\pi m}{s\tau_1 \tau_2}\sqrt{\tau_2^2 - \tau_1^2}$

4-18 （1）$\eta = 3.162$，$\Lambda = 1.151$

（2）$\delta = 1.456$ s^{-1}，$\tau_{\mathrm{d}} = 0.79$ s

（3）$c_{\mathrm{cr}} = 39\,626$ N·s/m

4-19 $v_{\mathrm{cr}} = 26.7$ km/h

4-20 （1）$y = \dfrac{kdl^2}{kl^2 - m\pi^2 v^2}\sin\dfrac{\pi}{l}vt$

（2）$v_{\mathrm{cr}} = \dfrac{1}{\pi}\sqrt{\dfrac{k}{m}}$

4-21 （1）$\omega = 21.9$ rad/s

（2）$b = 8.4 \times 10^{-3}$ mm

4-22 $x = 39.2 \sin 7t$ （式中 x 以 mm 计）

4-23 $x = -0.233\sin 8\pi t$ （式中 x 以 mm 计）

4-24 （a）$\begin{cases} x = \dfrac{a}{\sqrt{(1-s^2)^2 + (2\zeta s)^2}}\sin(\omega t - \varphi) \\[3mm] \varphi = \arctan\dfrac{2\zeta s}{1-s^2} \end{cases}$

其中 $s = \dfrac{\omega}{\omega_0}, \omega_0 = \sqrt{\dfrac{k}{m}}, \zeta = \dfrac{c}{2\sqrt{mk}}$

（b）$x' = \dfrac{\dfrac{c\omega a}{k}}{\sqrt{(1-s^2)^2 + (2\zeta s)^2}}\cos(\omega t - \varphi)$

4-25 $c = 107.6$ N·s/m

4-26 $k \leqslant 8.97$ kN/m

4-27 $\ddot{x}_{max} = 84$ m/s²

4-28 $k = 323$ kN/m

4-29 $\omega_0 = \sqrt{\dfrac{kd^2 - mgl}{ml^2}}, \quad \varphi = \dfrac{kbd}{ml^2(\omega_0^2 - \omega^2)}\sin\omega t$

4-30 $\delta = \dfrac{e\left(\dfrac{\omega}{\omega_0}\right)^2}{1 - \left(\dfrac{\omega}{\omega_0}\right)^2}$，其中 $\omega_0 = \sqrt{\dfrac{k}{m}}$

4-31 $\omega_1^2 = 0.642\dfrac{k_2}{m_2}, \omega_2^2 = 1.558\dfrac{k_2}{m_2}; \gamma^{(1)} = 0.358, \gamma^{(2)} = -0.558$

4-32 $\omega_1^2 = \dfrac{k}{m}, \omega_2^2 = 3\dfrac{k}{m}; \gamma^{(1)} = 1, \gamma^{(2)} = -1$

4-33 $\omega_1 = 0.618\sqrt{\dfrac{k_t}{J}}, \omega_2 = 1.618\sqrt{\dfrac{k_t}{J}}$

4-34 $(m_A + m_B)\ddot{x} + m_B l\ddot{\varphi} + 2kx = 0, \ddot{x} + l\ddot{\varphi} + g\varphi = 0$

$\omega_{1,2} = \dfrac{(m_A + m_B)g + 2kl}{2m_A l} \mp \sqrt{\left[\dfrac{(m_A + m_B)g + 2kl}{2m_A l}\right]^2 - \dfrac{2kg}{m_A l}}$

4-35 $\omega_1 = 0.342\sqrt{\dfrac{k}{m}}, \omega_2 = 1.46\sqrt{\dfrac{k}{m}}$

4-36 $\omega_1 = 2.33$ rad/s, $\omega_2 = 3.77$ rad/s

4-37 $\varphi_1 = \dfrac{k_t M_0}{J^2}\dfrac{1}{\omega_0^4 - 3\omega_0^2 p^2 + p^4}\sin pt$

$\varphi_2 = \dfrac{(2k_t - Jp^2)M_0}{J^2}\dfrac{1}{\omega_0^4 - 3\omega_0^2 p^2 + p^4}\sin pt$

第 五 章

5-1 $n = 60$ r/min，顺时针

5-2 $v_M = \sqrt{10}\,R\omega_O\,; a_M = R\sqrt{10(\alpha_O^2+\omega_O^4)-12\alpha_O \cdot \omega_O^2}$

5-3 $\omega_{\mathrm{I}} = 2\omega\left(1+\dfrac{r_2}{r_1}\right)\,, \omega_{\mathrm{IV}} = \omega\,\dfrac{(r_1+r_2)(r_3+r_2)}{r_2(r_1+r_2-r_3)}$

5-4 $i_{4\mathrm{H}} = \dfrac{1}{11}$

5-5 $\omega_3 = 7 \text{ rad/s}\,; \omega_{4\mathrm{r}} = 5 \text{ rad/s}$

5-6 $\omega' = \dfrac{\cos(\beta+2\theta)}{\sin 2\theta}\omega\,; \alpha' = \dfrac{\cos^2(\beta+2\theta)\sin\theta\cos\beta}{\sin^2 2\theta\cos(\beta+\theta)}\omega^2$

5-7 $\omega_\mathrm{r} = 1.05 \text{ rad/s}\,, \omega = 0.91 \text{ rad/s}$

5-8 $\omega = \sqrt{\left(\dfrac{\pi n}{30}\right)^2+\omega_1^2+2\left(\dfrac{\pi n}{30}\right)\omega_1\cos\theta}\,; \alpha = \left(\dfrac{\pi n}{30}\right)\omega_1\sin\theta$

5-9 $\omega = 5.83 \text{ rad/s}$，与 x 轴和 z 轴的正方向的夹角分别为 $\theta = 30°59'$和 $\beta = 59°1'$

       $\alpha = 15 \text{ rad/s}^2$，方向沿 y 轴

5-10 $v_A = 0.55 \text{ m/s}\,, a_A = 0.054 \text{ m/s}^2$

5-11 $\boldsymbol{\alpha} = 0.125\boldsymbol{i} \text{ rad/s}^2\,, \boldsymbol{a}_A = (0.094\boldsymbol{i}-0.73\boldsymbol{j}-0.033\boldsymbol{k}) \text{ m/s}^2$

5-12   （1）$v_B = 0.817 \text{ m/s}\,, a_B = 0.37 \text{ m/s}^2$

        （2）$v_B = 1.171 \text{ m/s}\,, a_B = 1.999 \text{ m/s}^2$

        （3）$v_B = 0.2 \text{ m/s}\,, a_B = 5.271 \text{ m/s}^2$

5-13 $\boldsymbol{v}_A = -0.689\boldsymbol{i} \text{ m/s}\,, \boldsymbol{a}_A = (4.652\boldsymbol{j}-6.651\boldsymbol{k}) \text{ m/s}^2$

        $\boldsymbol{\omega} = (6.928\boldsymbol{j}+7\boldsymbol{k}) \text{ rad/s}\,, \boldsymbol{\alpha} = -20.78\boldsymbol{i} \text{ rad/s}^2$

5-14 $v_C = 0\,, v_B = 0.4 \text{ m/s}\,, a_C = 0.4 \text{ m/s}^2\,, a_B = 0.4\sqrt{5} \text{ m/s}^2$

5-15 $\omega = 0.24 \text{ rad/s}$，逆时针

5-16 $F_E = F_F = \dfrac{\sqrt{2}\,mr^2}{4l}\omega\omega_\mathrm{e}$

5-17 $M_g = 5\,757 \text{ N} \cdot \text{m}\,, F' = 9.6 \text{ kN}$

5-18 $M_{g\max} = 27.9 \text{ kN} \cdot \text{m}\,, F'_{\max} = 14.7 \text{ kN}$

第 六 章

6-1 $\ddot{\varphi} + \dfrac{\beta}{m(t)}\dot{\varphi} + \dfrac{g}{l}\sin\varphi = 0$

6-2 $\ddot{x} = -g + \dfrac{Fg}{P+\gamma x} - \dfrac{\beta g+\gamma}{P+\gamma x}\dot{x}^2$

6-3 $F(t) = \rho v^2 + \rho v g t\,, F_\mathrm{N}(t) = (l-vt)\rho g$

6-4 $v = \dfrac{cv_\mathrm{r}}{f}\left[1-\left(\dfrac{m_0-ct}{m_0}\right)^{\frac{f}{c}}\right]$

6-5 $\beta = \dfrac{v_0^2}{2v_\mathrm{r}H} + \dfrac{g_\mathrm{m}R}{v_\mathrm{r}(R+H)}$

6-6 $m = m_0\mathrm{e}^{-\frac{a}{v_\mathrm{r}}t}$

6-7　$t=0$ s, $v_1=0$, $a_1=11.2$ m/s^2

　　　$t=45$ s, $v_2=814$ m/s, $a_2=28.4$ m/s^2

　　　$t=90$ s, $v_3=3.95\times10^3$ m/s, $a_3=201.2$ m/s^2

6-8　$v_f=8.24$ km/s

6-9　$F=qv$

6-10　$v=212$ m/s

6-11　$\dfrac{\mathrm{d}m}{\mathrm{d}t}=22.46$ kg/s

6-12　（1）57 540 N

　　　（2）232.8 m/s

6-13　$v=2.628$ km/s, $h=20.12$ km

Synopsis

The present book was first published in 1961. In more than 60 years, it was republished 8 times and has been keeping popular among the professors and students in the field of mechanics. The present edition remains the previous features of rigorous deduction, distinct logic, stepwise to profundity and convenient for education.

The book consists of two volumes. Volume I covers the content of statics (Including the free-body-diagram, planar force systems, spatial force systems, friction, etc.), kinematics (Including the kinematics of a particle, the simple motions of a rigid body, resultant motion of a particle, planar motion of a rigid body, etc.), kinetics (Including the particle dynamics, theorems of linear momentum, angular momentum and kinetic energy of particle systems, D'Alembert's principle, principle of virtual displacement, etc.). For most specialties with moderate period of theoretical mechanics, the use of volume I should be enough.

Volume II comprises the elements of analytical mechanics, the particle dynamics in non-inertial reference frame, collision, elements of mechanical vibration, motion of rigid body with a fixed point, general motion of a rigid body, resultant motion of a rigid body, approximate theory of gyroscope, dynamics of a body with variable mass. Plenty of illustrations, questions and exercises are designed in the textbook.

The book is intended for the engineering student as the textbook of the course of "theoretical mechanics". It can also be used as a reference book for students and engineers in related areas.

Contents

读者意见反馈

为收集对教材的意见建议，进一步完善教材编写并做好服务工作，读者可将对本教材的意见建议通过如下渠道反馈至我社。

咨询电话　400-810-0598
反馈邮箱　gjdzfwb@pub.hep.cn
通信地址　北京市朝阳区惠新东街 4 号富盛大厦 1 座
　　　　　高等教育出版社总编辑办公室
邮政编码　100029

防伪查询说明

用户购书后刮开封底防伪涂层，使用手机微信等软件扫描二维码，会跳转至防伪查询网页，获得所购图书详细信息。

防伪客服电话　　（010）58582300

图书在版编目（CIP）数据

理论力学.Ⅱ/哈尔滨工业大学理论力学教研室编
.--9 版.--北京:高等教育出版社,2023.5
ISBN 978-7-04-059854-4

Ⅰ.①理… Ⅱ.①哈… Ⅲ.①理论力学-高等学校-
教材 Ⅳ.①O31

中国国家版本馆 CIP 数据核字(2023)第 017267 号

Lilun Lixue

| 策划编辑 黄 强 | 责任编辑 黄 强 | 封面设计 张申申 | 责任绘图 于 博 |
| 版式设计 杜微言 | 责任校对 张 薇 | 责任印制 刁 毅 | |

出版发行	高等教育出版社	网 址	http://www.hep.edu.cn
社 址	北京市西城区德外大街 4 号		http://www.hep.com.cn
邮政编码	100120	网上订购	http://www.hepmall.com.cn
印 刷	河北鹏盛贤印刷有限公司		http://www.hepmall.com
开 本	787mm×1092mm 1/16		http://www.hepmall.cn
印 张	13		
字 数	250 千字	版 次	1961 年 7 月第 1 版
插 页	1		2023 年 5 月第 9 版
购书热线	010-58581118	印 次	2023 年 5 月第 1 次印刷
咨询电话	400-810-0598	定 价	30.00 元

本书如有缺页、倒页、脱页等质量问题,请到所购图书销售部门联系调换
版权所有 侵权必究
物 料 号 59854-00

名誉主编简介

王铎先生,1920 年生,1938 年—1942 年在中央大学土木系学习,1949 年到哈尔滨工业大学任教。1961 年起担任哈尔滨工业大学理论力学教研室主任,并担任教育部工科理论力学教材编审委员会委员。自 1965 年起担任哈尔滨工业大学《理论力学》教材主编,并于 1988 年获得原国家教委颁发的国家优秀教材奖。主编出版了《断裂力学》《理论力学习题集》《理论力学习题选集》《理论力学解题指导及习题集》等著作和教学参考书。1980 年被授予黑龙江省特等劳动模范称号,1984 年被授予航天工业部劳动模范称号,并于 1989 年和 2001 年先后两次获得国家级教学成果奖。

自 1970 年代起率先在国内开展断裂力学研究工作,1981 年创建我国首批固体力学博士点,同时评为博士生导师。1992 年中国科协编写的《中国科学技术专家传略力学卷》选登了周培源、钱学森、钱伟长等 57 位当时在世的力学家传略,王铎先生名列其中。王铎先生于 2018 年 1 月 11 日因病不幸逝世。

孙毅,1981 年毕业于哈尔滨工业大学力学师资班,1989 年在哈尔滨工业大学固体力学学科获工学博士学位,现任哈尔滨工业大学航天学院教授,固体与结构强度省重点实验室主任。担任哈尔滨工业大学《理论力学》教材第 7 版、第 8 版责任主编,这两版教材先后被评为普通高等教育"十一五"国家级规划教材和"十二五"普通高等教育本科国家级规划教材。《理论力学》(第 8 版)于 2021 年被国家教材委员会评为首届全国教材建设奖全国优秀教材一等奖。

自 2007 年起担任"理论力学"课程负责人,"理论力学"课程先后被评为首批国家级精品资源共享课和国家精品在线开放课程。主编《理论力学数字课程》《简明理论力学》(第 3 版)、《理论力学在线试题库及组卷系统》《理论力学习题全解》等,并由高等教育出版社出版。2008 年获第四届国家级教学名师奖,2017 年入选国家高层次人才特殊支持计划。